초등 수학 문제 풀이 식(式) 쓰기

3-2

서울대 선배들의 똑똑필사

초등 수학 문제 풀이 식 쓰기 3-2

지은이 이윤원
펴낸이 정규도
펴낸곳 (주)다락원

1판 1쇄 발행 2026년 1월 20일

기획 권혁주, 김태광
편집장 이후춘
편집 김효은, 박소영

디자인 하태호, 김희정
필사 김태림, 안혜주, 최수빈

다락원 경기도 파주시 문발로 211
내용문의: (02)736-2031 내선 291~296
구입문의: (02)736-2031 내선 250~252
Fax: (02)732-2037
출판등록 1977년 9월 16일 제406-2008-000007호

ISBN 978-89-277-7534-8   63410

http://www.darakwon.co.kr

- 다락원 홈페이지를 방문하시면 상세한 출판 정보와 함께 동영상 강좌, MP3 자료 등 다양한 어학 정보를 얻으실 수 있습니다.

똑바로 따라 쓰며 똑똑히 푸는

서울대 선배들의 똑똑필사

2022 개정 교육과정 반영

초등 수학 문제 풀이 식(式) 쓰기

이윤원 저

3-2

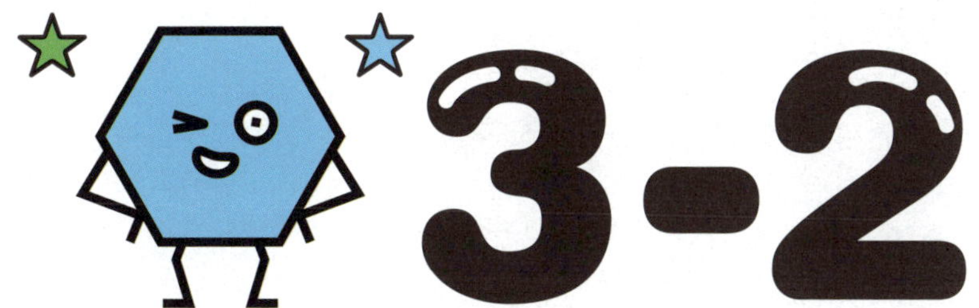

다락원

"식을 써야 실력이 쌓인다!"

수학을 감으로 풀고 있지 않나요?
식을 쓰지 않고 머릿속으로만 계산해서
수학 문제를 풀다 보면 계산 실수를 계속하고,
어려운 문제에는 쉽게 접근하지 못하게 됩니다.
그러다 보면 정확한 풀이는 모른 채
어영부영 넘어가게 됩니다.

더 큰 문제는 중·고등학교에 진학하면
훨씬 복잡하고 긴 식을 쓰면서
수학 문제를 풀어야 한다는 점입니다.
초등학교 때부터 식을 쓰는 습관이 잡혀 있지 않으면
수학 문제를 풀 때마다 어려움을 겪으며
결국 중·고등 수학의 식 풀이에 높은 벽을 느끼게 될 것입니다.

그래서 많은 학부모님과 선생님들께서
풀이 과정에 따라 식을 써서 정확히 풀도록 지도하시지만
학생들이 귀찮다며 잘 따르지 않거나
식을 어떻게 써야 할지 몰라
대충 넘어가는 경우가 많습니다.

이 책은 단순히 정답을 찾는 데 그치지 않고,
서울대 선배들의 풀이 과정을 또박또박 따라 적어 보면서
문제를 어떤 식으로 정리하고 풀어야 할지를 익히고,
그 과정을 통해 풀이의 완성도를 높일 수 있도록 도와줍니다.

처음에는 어색하겠지만
이 책을 통해 식 쓰기 연습을 하다 보면
어느새 풀이 과정을 정확히 쓰면서
자연스레 문제를 풀고 있는 자신을 발견하게 될 겁니다.

김 태 림 (서울대 경영학과 25학번)

안녕하세요. 서울대 경영학과에 재학 중인 김태림입니다.

수학이 처음에는 어려울 수 있지만, 차근차근 풀이 과정을 적는 연습을 하다 보면 생각이 정리되고 실력이 금방 늘어요! 이 책은 풀이 과정을 직접 따라 적으면서 문제 푸는 방법을 학습할 수 있어요. 처음에는 풀이 과정을 꼼꼼하게 적는 게 어렵게 느껴질 수 있지만, 이 책으로 반복해서 연습하면 곧 익숙해지고, 수학이 재미있어질 거예요. 문제를 풀다가 막히더라도 포기하지 말고 다시 도전해 보세요. 꾸준히 노력한다면 실력도 늘고 자신감도 더 생길 거예요. 언제나 응원합니다.

안 혜 주 (서울대 자유전공학부 25학번)

안녕하세요. 서울대학교 자유전공학부에 재학 중인 안혜주입니다. 저는 또래에 비해 수학학원에 늦게 다니기 시작했고 혼자 공부하다 보니 부족한 부분이 많았습니다. 특히 서술형 문제에서 그러한 갈증을 많이 느꼈습니다. 대학생이 된 지금도 간결하고 좋은 풀이를 스스로 쓰기란 참 어렵다고 느낍니다. 그렇기에 좋은 풀이를 쓸 수 있도록 도와주는 이 책이 여러분에게 큰 도움이 될 것이라 생각합니다. 이 책과 함께 기초를 다지며 수학에 흥미를 붙일 수 있길 바랍니다.:)

최 수 빈 (서울대 인류학과 23학번)

안녕하세요. 서울대학교 인류학과 최수빈입니다.

우선 이 책을 공부하게 된 여러분 모두를 진심으로 응원합니다! 수학을 필사하는 교재는 처음이라 조금 낯설 수 있지만, 한 글자 한 글자 정성스럽게 써 내려가다 보면 어느새 수학적 풀이를 스스로 할 수 있게 될 거예요. 중요한 건 빨리 푸는 게 아니라 이해하며 풀기! 풀이를 따라 써 보고 빈칸을 채워가며 수학의 원리를 하나씩 익혀보세요. 여러분의 멋진 도전을 늘 응원합니다. :)

[선배의 팁] 모를 수 있어요. 중요한 건 궁금해하고, 끝까지 해보려는 마음입니다. 모를 때는 천천히 하나씩 해봐요!

습관 형성 챌린지

자신의 실력에 맞게 목표를 세워 공부하면 식 쓰기 습관을 형성할 수 있습니다.
공부한 날짜를 적고 매일 공부하는 습관을 길러 보세요. 하루에 한 문제, 십 분만 해도 괜찮아요! 매일 꾸준히
공부하는 습관이 중요해요. 조금씩 실력을 쌓아가면 수학 문제에 자신감도 생기고 생각하는 힘도 쑥쑥 자랄
거예요. 공부하는 습관을 기르는 게 실력 향상의 비법이에요!

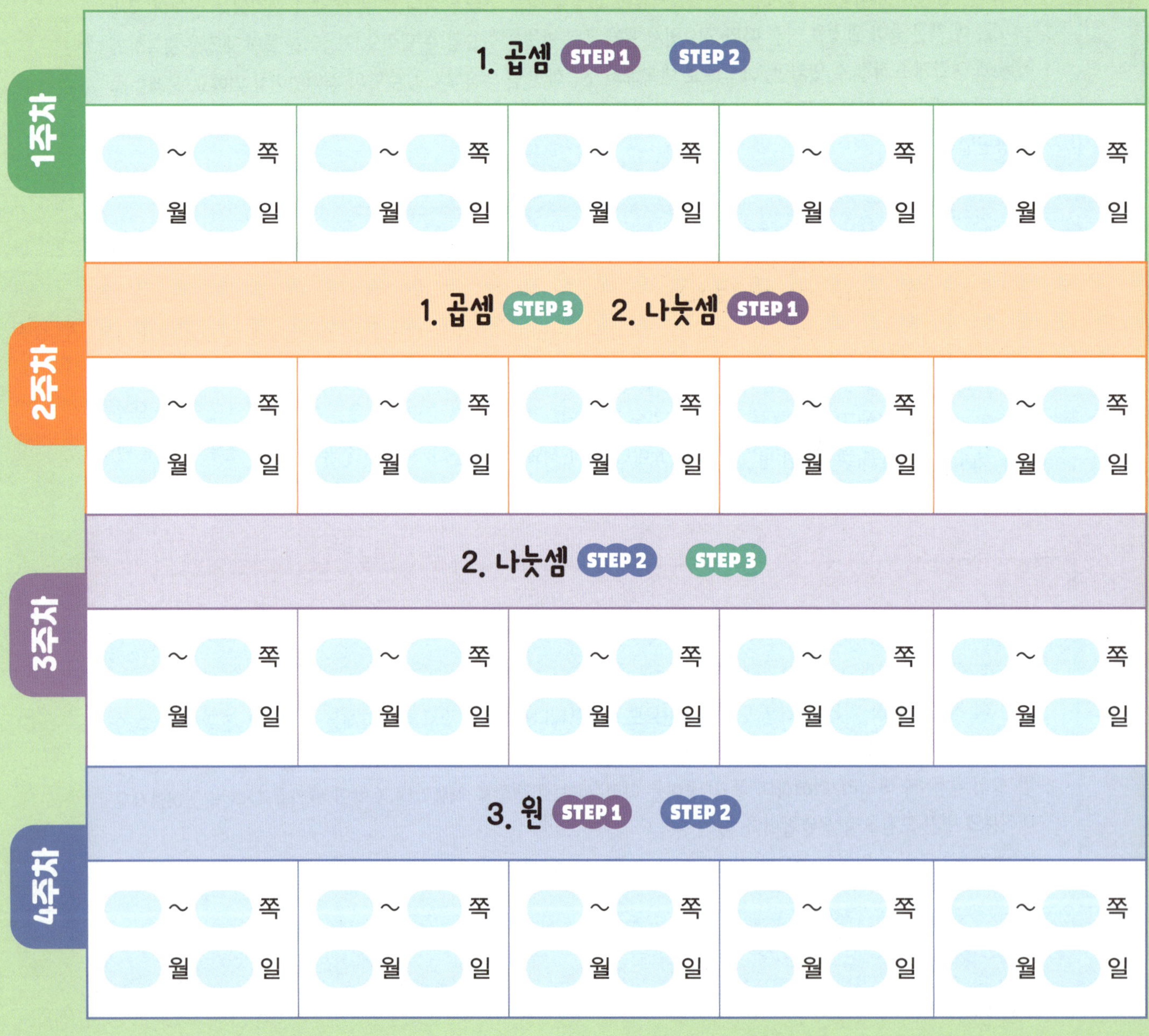

5주차	**3. 원 STEP 3 4. 분수 STEP 1**				
	~ 쪽 월 일	~ 쪽 월 일	~ 쪽 월 일	~ 쪽 월 일	~ 쪽 월 일

6주차	**4. 분수 STEP 2 STEP 3**				
	~ 쪽 월 일	~ 쪽 월 일	~ 쪽 월 일	~ 쪽 월 일	~ 쪽 월 일

7주차	**5. 들이와 무게 STEP 1 STEP 2**				
	~ 쪽 월 일	~ 쪽 월 일	~ 쪽 월 일	~ 쪽 월 일	~ 쪽 월 일

8주차	**5. 들이와 무게 STEP 3 6. 그림그래프 STEP 1**				
	~ 쪽 월 일	~ 쪽 월 일	~ 쪽 월 일	~ 쪽 월 일	~ 쪽 월 일

9주차	**6. 그림그래프 STEP 2 STEP 3**				
	~ 쪽 월 일	~ 쪽 월 일	~ 쪽 월 일	~ 쪽 월 일	~ 쪽 월 일

정확히 식을 쓰면서 문제를 푸는 습관!

수학 문제를 풀 때 단계별로 식을 정확히 쓰면서 푸는 연습은 반드시 필요해요.
이 책은 문제의 풀이 과정을 직접 따라 쓰면서 스스로 식을 쓰는 방법을 익힐 수 있도록 했어요.
서울대 선배들이 손글씨로 쓴 풀이 과정을 직접 따라 쓰면서 식을 세워 문제를 풀어 나가는 습관
을 기르면 어떤 문제든 스스로 풀이 과정을 만들어 해결할 수 있다는 자신감이 생길 거예요.

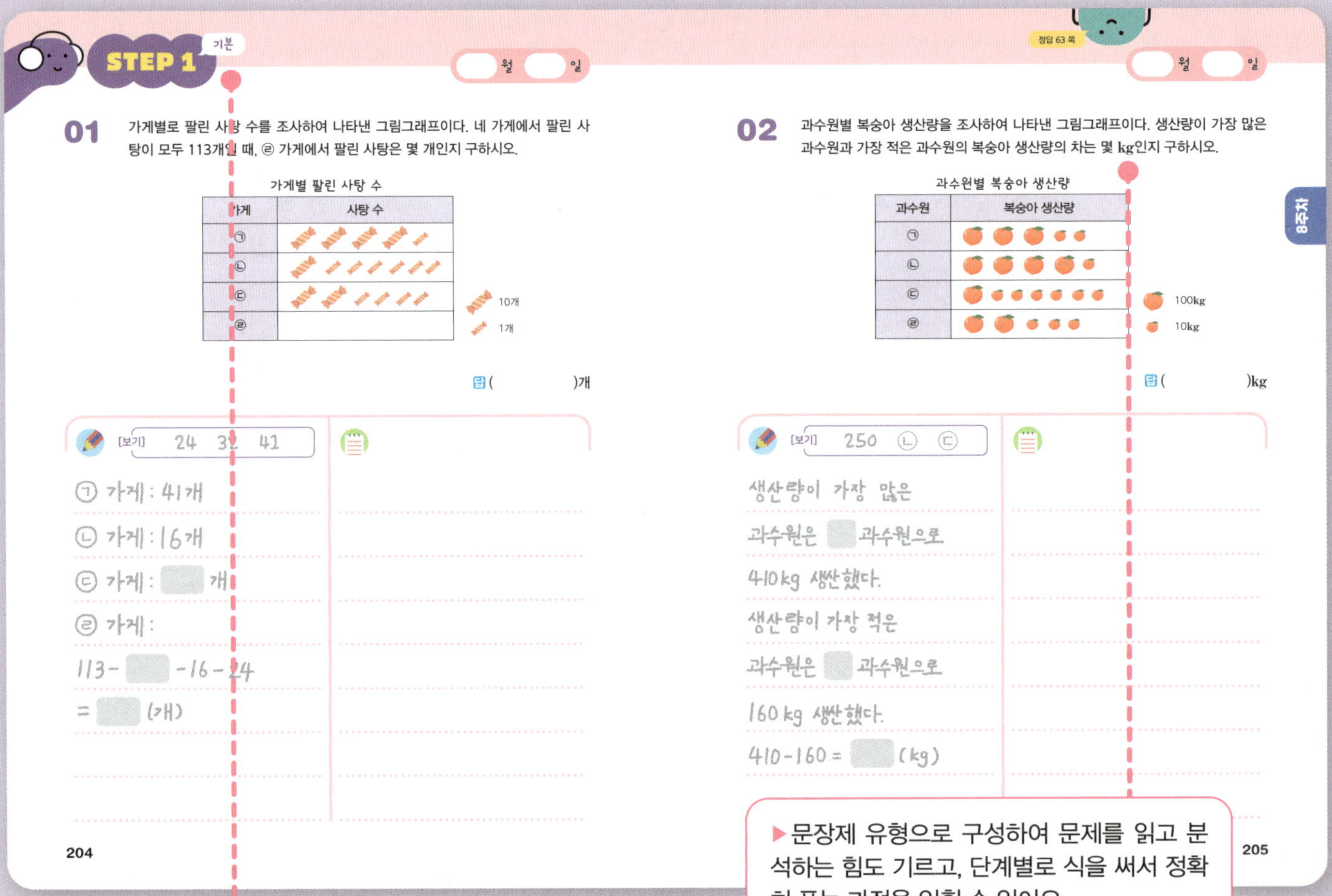

STEP 1 기본 · 월 · 일 · 정답 63쪽 · 월 · 일

8주차

01 가게별로 팔린 사탕 수를 조사하여 나타낸 그림그래프이다. 네 가게에서 팔린 사탕이 모두 113개일 때, ㉣ 가게에서 팔린 사탕은 몇 개인지 구하시오.

가게별 팔린 사탕 수

가게	사탕 수
㉠	
㉡	
㉢	
㉣	

🍬 10개
🍬 1개

답 ( )개

[보기] 24 32 41

㉠ 가게 : 41개
㉡ 가게 : 16개
㉢ 가게 : ▢ 개
㉣ 가게 :
113 - ▢ - 16 - 24
= ▢ (개)

02 과수원별 복숭아 생산량을 조사하여 나타낸 그림그래프이다. 생산량이 가장 많은 과수원과 가장 적은 과수원의 복숭아 생산량의 차는 몇 kg인지 구하시오.

과수원별 복숭아 생산량

과수원	복숭아 생산량
㉠	
㉡	
㉢	
㉣	

🍑 100kg
🍑 10kg

답 ( )kg

[보기] 250 ㉡ ㉢

생산량이 가장 많은
과수원은 ▢ 과수원으로
410 kg 생산했다.
생산량이 가장 적은
과수원은 ▢ 과수원으로
160 kg 생산했다.
410 - 160 = ▢ (kg)

204 · 205

▶ 기본, 응용, 심화 수준의 문제를 하나의 STEP에 모두 제공하여 다양한 난이도를 함께 공부할 수 있어요.

▶ STEP1, STEP2, STEP3로 충분히 반복 학습할 수 있도록 하여 완벽하게 마스터할 수 있어요.

▶ 문장제 유형으로 구성하여 문제를 읽고 분석하는 힘도 기르고, 단계별로 식을 써서 정확히 푸는 과정을 익힐 수 있어요.

▶ '빠르게 확인하는 정답'과 풀이를 분권으로 제공하여 편하게 확인하고 학습할 수 있어요.

직접 쓴 손글씨를 따라 쓰면서
풀이식의 과정을 완벽하게 이해!

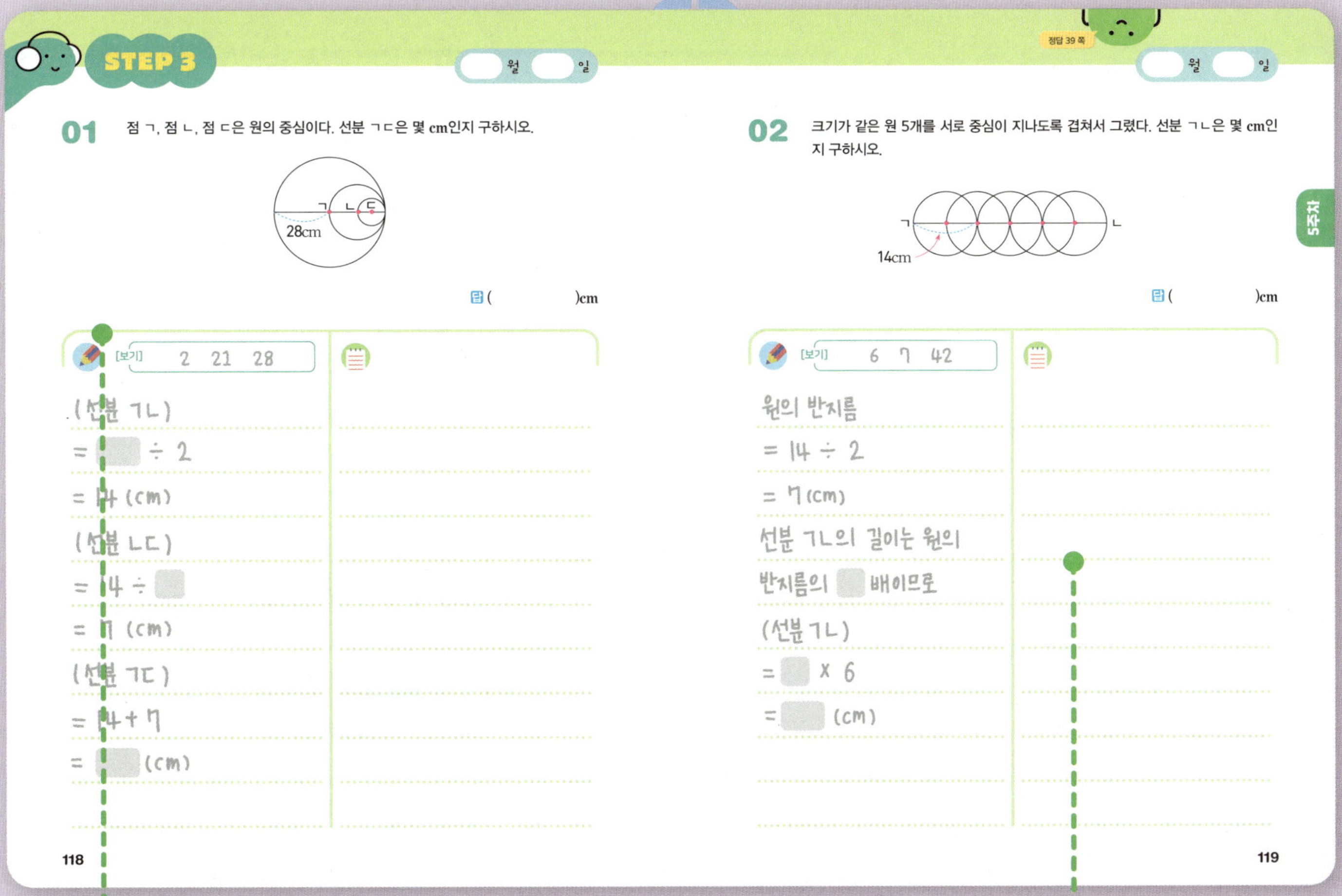

월 일

01 점 ㄱ, 점 ㄴ, 점 ㄷ은 원의 중심이다. 선분 ㄱㄷ은 몇 cm인지 구하시오.

28cm

답 ( )cm

[보기] 2 21 28

(선분 ㄱㄴ)
= ▢ ÷ 2
= 14 (cm)
(선분 ㄴㄷ)
= 14 ÷ ▢
= 7 (cm)
(선분 ㄱㄷ)
= 14 + 7
= ▢ (cm)

118

정답 39 쪽

월 일

02 크기가 같은 원 5개를 서로 중심이 지나도록 겹쳐서 그렸다. 선분 ㄱㄴ은 몇 cm인지 구하시오.

14cm

답 ( )cm

[보기] 6 7 42

원의 반지름
= 14 ÷ 2
= 7 (cm)
선분 ㄱㄴ의 길이는 원의
반지름의 ▢ 배이므로
(선분 ㄱㄴ)
= ▢ × 6
= ▢ (cm)

119

▶ 서울대 선배들의 풀이 과정을 직접 따라 써 보세요. 왜 이런 풀이 과정인지 생각하고 이해하면서 쓰는 것이 중요해요.
▶ 빈칸에는 [보기]에서 알맞은 답을 골라 서울대 선배들의 풀이 과정 가이드라인을 따라 써 보세요.

▶ 빈 공간에 다시 한번 풀이 과정을 직접 쓰면서 왜 이렇게 푸는지 생각해 보고 식을 어떻게 써야 하는지 익히세요.

- 머리말
- 서울대 선배들의 한마디
- 9주 완성 습관 형성 챌린지
- 이 책의 똑똑한 활용법

[별책부록] **정답 및 풀이**

1 곱셈

이번 단원에서 학습할 내용!
(세 자리 수)×(한 자리 수)
(몇십)×(몇십), (몇십몇)×(몇십)
(몇)×(몇십몇)
(몇십몇)×(몇십몇)

01 사과를 한 상자에 40개씩 30상자에 담았더니 사과가 11개 남았다. 사과는 모두 몇 개인지 구하시오.

답 (   )개

[보기]   1200   1211   11

30 상자에 담은 사과의 수

= 40 × 30

= ☐ (개)

전체 사과의 수

= 1200 + ☐

= ☐ (개)

02

한 자리 수 중에서 가장 큰 수와 두 자리 수 중에서 가장 큰 수의 곱은 얼마인지 구하시오.

답 (   )

[보기]   891   9   99

한 자리 수 중에서 가장 큰 수:

두 자리 수 중에서 가장 큰 수:

$9 \times 99 =$

03 지수네 학교 학생들은 체험학습을 가려고 35인승 버스 13대에 나누어 탔다. 버스마다 1자리씩 비어 있다면 지수네 학교 학생은 모두 몇 명인지 구하시오.

답 (　　　　)명

[보기]　34　1　442

버스 한 대에 탄 학생 수

= 35 - ▢

= 34 (명)

지수네 학교 학생 수

= ▢ × 13

= ▢ (명)

월　일

04

어떤 수에 42를 곱해야 할 것을 잘못하여 어떤 수에 42를 더했더니 50이 되었다. 바르게 계산하면 얼마인지 구하시오.

답 (　　　　　　)

[보기]　　42　8　336

어떤 수를 □라 하면

$\square + 42 = 50$

$\square = 50 - $ ▢

　$= 8$

바르게 계산하면

▢ $\times 42 = $ ▢

05 수 카드 4장을 한 번씩만 사용하여 (세 자리 수) × (한 자리 수)를 만들려고 한다. 곱이 가장 클 때와 곱이 가장 작을 때의 차는 얼마인지 구하시오.

5 9 8 3

답 (   )

[보기] 5910 7677 589

3 < 5 < 8 < 9

곱이 가장 큰 곱셈식 :

853 × 9 =

곱이 가장 작은 곱셈식 :

 × 3 = 1767

7677 − 1767 =

월 　 일

06

쿠키를 한 명에게 20개씩 34명에게 나누어 주면 9개가 남는다. 이 쿠키를 한 명에게 15개씩 60명에게 나누어 주려면 쿠키는 적어도 몇 개 더 필요한지 구하시오.

답 (　　　　)개

07 곧게 뻗은 도로의 양쪽에 처음부터 끝까지 나무 18그루를 765cm 간격으로 심었다. 이 도로의 길이는 몇 cm인지 구하시오. (단, 나무의 두께는 생각하지 않는다.)

답 (　　　　　　　)cm

[보기]　　1　　2　　6120

도로의 한쪽에 심은 나무의 수

= 18 ÷ ☐

= 9 (그루)

나무 사이의 간격 수

= 9 − ☐

= 8 (군데)

도로의 길이

= 765 × 8

= ☐ (cm)

월 일

1주차

08

은재는 편의점에서 380원짜리 사탕 3개와 150원짜리 초콜릿 4개를 사고 2000원을 냈다. 은재가 받아야 할 거스름돈은 얼마인지 구하시오.

답 ( )원

[보기]   260   600   1140

사탕 3개의 값
= 380 × 3 = ▢ (원)

초콜릿 4개의 값
= 150 × 4 = 600 (원)

은재가 산 물건 값의 합
= 1140 + ▢ = 1740 (원)

은재가 받아야 할 거스름돈
= 2000 − 1740 = ▢ (원)

09 기호 ◎에 대하여 다음과 같이 약속할 때, 140◎9는 얼마인지 구하시오.

$$ ㉠◎㉡ \Rightarrow (㉠-㉡)과 ㉡의 곱 $$

답 (   )

[보기]   131   1179   9

140◎9는 (140−9)와

◻의 곱이다.

140−9 = 131 이므로

140◎9 = ◻ × 9

     = ◻

10 다음과 같이 길이가 136cm인 종이 7장을 15cm씩 겹쳐서 한 줄로 길게 이어 붙였다. 이어 붙인 종이의 전체 길이는 몇 cm인지 구하시오.

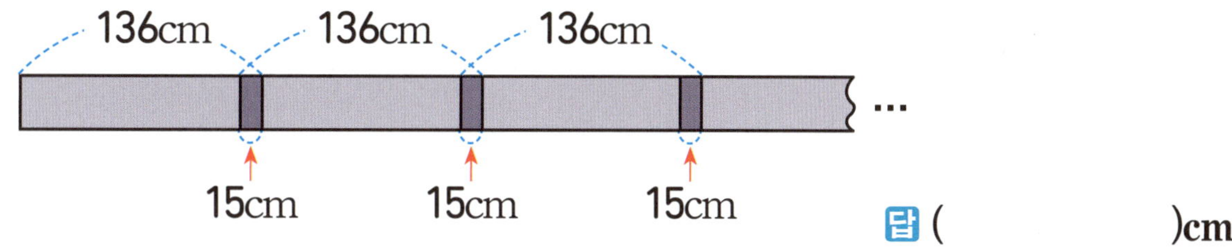

답 (   )cm

[보기]   6   862   952

종이 7장의 길이의 합
$= 136 \times 7 = \boxed{}$ (cm)

겹쳐진 부분의 수
$= 7 - 1 = 6$ (군데)

겹쳐진 부분의 길이의 합
$= 15 \times \boxed{} = 90$ (cm)

이어 붙인 종이의 전체 길이
$= 952 - 90 = \boxed{}$ (cm)

11 예서가 동화책을 펼쳤더니 펼친 두 면의 쪽수의 합이 111이었다. 펼친 두 면의 쪽수의 곱은 얼마인지 구하시오.

답 (   )

[보기] 55 111 3080

펼친 두 면의 쪽수는

연속하는 두 수이다.

연속하는 두 수를 각각

$\square$, ($\square$ +1) 이라 하면

$\square$ + ($\square$ +1) =

$\square$ + $\square$ = 111 - 1

$\qquad$ = 110

110 = 55 + 55 이므로

$\square$ =   이고,

($\square$ +1) = 56 이다.

55 × 56 =

월   일

12 다음을 모두 만족하는 두 수의 곱을 구하시오.

> • 두 수의 차는 16이다.
> • 두 수의 합은 76이다.

답 (   )

[보기] 1380 16 30

두 수 중 큰 수를 ☐ 라 하면

작은 수는 (☐ − ⬚) 이다.

$☐ + (☐ - 16) = 76$

$☐ + ☐ = 76 + 16$

$= 92$

$92 = 46 + 46$ 이므로

$☐ = 46$ 이고,

$(☐ - 16) = $ ⬚ 이다.

$46 × 30 = $ ⬚

13

다음 곱셈식에서 ㉠, ㉡, ㉢, ㉣에 알맞은 수를 각각 구하시오.

$$
\begin{array}{ccccc}
 & & 5 & 4 & \\
\times & & ㉠ & ㉡ & \\
\hline
 & 3 & ㉢ & 4 & \\
1 & 0 & 8 & 0 & \\
\hline
1 & 4 & ㉣ & 4 & \\
\end{array}
$$

답 ㉠ (   ), ㉡ (   ), ㉢ (   ), ㉣ (   )

[보기]   0   2   6

$4 \times$ ㉡ 의 일의 자리가

4 이려면 ㉡ = 1 또는  이다.

㉡ = 1일 경우, $54 \times 1 = 54$이므로

성립하지 않는다.

㉡ = 6일 경우, $54 \times 6 = 324$ 이므로

㉢ = ▢ 이다.

$54 \times ㉠ = 108$이므로 ㉠ = 2,

$324 + 1080 = 1404$이므로

㉣ = ▢ 이다.

14 통나무 한 개를 18토막으로 자르려고 한다. 나무를 한 번 자르는 데 7분이 걸리고, 한 번 자르고 나서 2분 동안 쉰 다음 다시 자른다. 통나무를 모두 자르는 데 걸리는 시간은 몇 분인지 구하시오.

답 (   )분

[보기]　　151　119　1

통나무를 18토막으로 자르려면

18 − 1 = 17(번) 자르고,

마지막으로 나무를 자른 후에는

쉬는 시간이 필요 없으므로

17 − ☐ = 16 (번) 쉰다.

나무를 17번 자르는 데

걸리는 시간

= 7 × 17 = ☐ (분),

쉬는 시간의 합

= 2 × 16 = 32(분)

119 + 32 = ☐ (분)

01 지아의 나이는 10살이고 동생은 지아보다 3살이 더 적다. 할아버지의 나이는 동생의 나이의 12배일 때, 할아버지의 나이는 몇 살인지 구하시오.

답 ( )살

[보기]   7   3   84

동생의 나이
= 10 - ☐
= 7(살)

할아버지의 나이
= ☐ × 12
= ☐ (살)

월   일

02

고구마가 한 묶음에 2개씩 59묶음 있다. 이 고구마를 다시 한 묶음에 3개씩 묶어서 27묶음을 팔았다. 팔고 남은 고구마는 몇 개인지 구하시오.

답 (   )개

[보기]   27   37   118

처음에 있던 고구마의 수

= 2 × 59

= [   ] (개)

판 고구마의 수

= 3 × [   ]

= 81 (개)

팔고 남은 고구마의 수

= 118 - 81

= [   ] (개)

월   일

03 민호는 영어 단어를 하루에 45개씩 외웠다. 1주일에 4일씩 9주 동안 외운 영어 단어는 모두 몇 개인지 구하시오.

답 (   )개

[보기]   36   4   1620

9주 동안 영어 단어를
외운 날수
= ☐ × 9
= 36 (일)
36일 동안 외운
영어 단어의 수
= ☐ × 45
= ☐ (개)

04 어떤 수에 6을 곱해야 할 것을 잘못하여 어떤 수에서 6을 뺐더니 724가 되었다.
바르게 계산하면 얼마인지 구하시오.

답 (   )

[보기]　6　730　4380

어떤 수를 □라 하면

□ - 6 = 724

□ = 724 +

　= 730

바르게 계산하면

　× 6 =

05

수 카드 4장을 한 번씩만 사용하여 (세 자리 수)×(한 자리 수)를 만들려고 한다.
곱이 가장 클 때와 곱이 가장 작을 때의 차는 얼마인지 구하시오.

4 6 8 7

답 (   )

[보기] 3400 764 2712

$4 < 6 < 7 < 8$

곱이 가장 큰 곱셈식 :

[   ] × 8 = 6112

곱이 가장 작은 곱셈식 :

678 × 4 = [   ]

6112 - 2712 = [   ]

06

젤리를 한 명에게 9개씩 47명에게 나누어 주면 8개가 남는다. 이 젤리를 한 명에게 13개씩 36명에게 나누어 주려면 젤리는 적어도 몇 개 더 필요한지 구하시오.

답 ( )개

[보기]   47   37   468

한 명에게 9개씩 47명에게

나누어 준 젤리의 수는

$9 \times \boxed{} = 423$(개)이므로

가지고 있는 젤리는 모두

$423 + 8 = 431$(개)이다.

한 명에게 13개씩 36명에게

나누어 주려면 필요한 젤리는

$13 \times 36 = \boxed{}$(개)이므로

적어도 $468 - 431 = \boxed{}$(개)

더 필요하다.

07

곧게 뻗은 도로의 양쪽에 처음부터 끝까지 나무 50그루를 6m 간격으로 심었다. 이 도로의 길이는 몇 m인지 구하시오. (단, 나무의 두께는 생각하지 않는다.)

답 (   )m

[보기]　　1　　25　　144

50 = 25 + 25이므로

도로의 한쪽에 심은 나무의 수:

☐ 그루

나무 사이의 간격 수

= 25 − ☐

= 24 (군데)

도로의 길이

= 6 × 24

= ☐ (m)

08 진서는 문구점에서 50원짜리 딱지 23개와 85원짜리 구슬 30개를 사고 5000원을 냈다. 진서가 받아야 할 거스름돈은 얼마인지 구하시오.

답 (   )원

[보기] 1150 1300 2550

딱지 23개의 값

$= 50 \times 23 = 1150$ (원)

구슬 30개의 값

$= 85 \times 30 = $ ☐ (원)

진서가 산 물건 값의 합

$= $ ☐ $ + 2550 = 3700$ (원)

진서가 받아야 할 거스름돈

$= 5000 - 3700 = $ ☐ (원)

09 기호 ◎에 대하여 다음과 같이 약속할 때, 26◎31은 얼마인지 구하시오.

$$ⓐ◎ⓑ \Rightarrow ⓐ과 (ⓐ+ⓑ)의 곱$$

답 (   )

26◎31은 26과

(26+ ☐)의 곱이다.

26 + 31 = 57이므로

26◎31 = 26 × ☐

= ☐

10 다음과 같이 길이가 50cm인 종이 15장을 7cm씩 겹쳐서 한 줄로 길게 이어 붙였다. 이어 붙인 종이의 전체 길이는 몇 cm인지 구하시오.

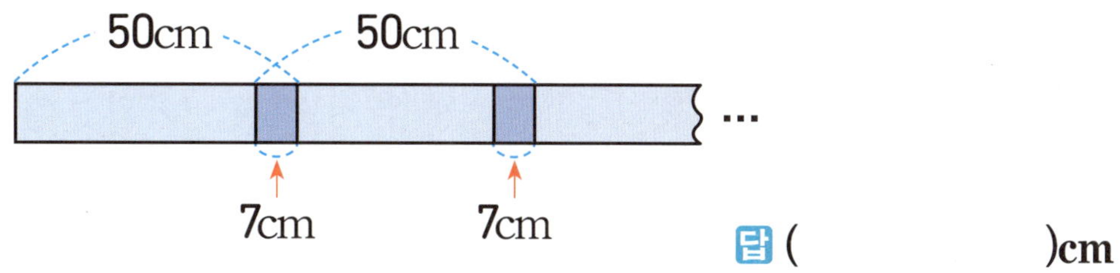

답 (   )cm

[보기]   98   652   1

종이 15장의 길이의 합

= 50 × 15 = 750 (cm)

겹쳐진 부분의 수

= 15 − ☐ = 14 (군데)

겹쳐진 부분의 길이의 합

= 7 × 14 = ☐ (cm)

이어 붙인 종이의 전체 길이

= 750 − 98 = ☐ (cm)

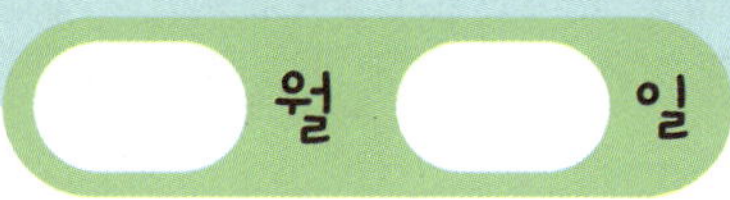

11 시후가 영어책을 펼쳤더니 펼친 두 면의 쪽수의 합이 121이었다. 펼친 두 면의 쪽수의 곱은 얼마인지 구하시오.

답 (   )

[보기]   61   121   3660

펼친 두 면의 쪽수는

연속하는 두 수이다.

연속하는 두 수를 각각

□, (□+1)이라 하면

□ + (□+1) = 121

□ + □ = ▭ − 1

      = 120

120 = 60 + 60 이므로

□ = 60 이고,

(□+1) = ▭ 이다.

60 × 61 = ▭

12 다음을 모두 만족하는 두 수의 곱을 구하시오.

> • 두 수의 차는 15이다.
> • 두 수의 합은 85이다.

답 (　　　　　　　)

[보기]　1750　50　15

두 수 중 큰 수를 □라 하면

작은 수는 (□ − 　　) 이다.

$$□ + (□ - 15) = 85$$

$$□ + □ = 85 + 15$$

$$= 100$$

$$100 = 50 + 50 \text{ 이므로}$$

$$□ = \boxed{} \text{ 이고,}$$

$$(□ - 15) = 35 \text{ 이다.}$$

$$50 \times 35 = \boxed{}$$

13 다음 곱셈식에서 ㉠, ㉡, ㉢, ㉣에 알맞은 수를 각각 구하시오.

$$
\begin{array}{r}
5\ 6 \\
\times\ \ ㉠\ ㉡ \\
\hline
1\ ㉢\ 8 \\
2\ 2\ 4\ 0 \\
\hline
2\ 4\ ㉣\ 8 \\
\end{array}
$$

답 ㉠ (   ), ㉡ (   ), ㉢ (   ), ㉣ (   )

[보기]   0   4   8

$6 \times ㉡$의 일의 자리가

8이려면 ㉡ = 3 또는 ▢ 이다.

㉡ = 3일 경우, $56 \times 3 = 168$ 이므로

㉢ = 6이다.

㉡ = 8일 경우, $56 \times 8 = 448$이므로

성립하지 않는다.

$56 \times ㉠ = 224$이므로 ㉠ = ▢,

$168 + 2240 = 2408$이므로

㉣ = ▢ 이다.

14 통나무 한 개를 15토막으로 자르려고 한다. 나무를 한 번 자르는 데 6분이 걸리고, 한 번 자르고 나서 4분 동안 쉰 다음 다시 자른다. 통나무를 모두 자르는 데 걸리는 시간은 몇 분인지 구하시오.

답 (   )분

[보기] 136   1   84

통나무를 15토막으로 자르려면

15 − ▨ = 14 (번) 자르고,

마지막으로 나무를 자른 후에는

쉬는 시간이 필요 없으므로

14 − 1 = 13 (번) 쉰다.

나무를 14번 자르는 데

걸리는 시간

= 6 × 14 = ▨ (분),

쉬는 시간의 합

= 4 × 13 = 52 (분)

84 + 52 = ▨ (분)

01 지호가 사탕을 친구 한 명당 14개씩 25명에게 나누어 주었더니 13개가 남았다. 처음에 지호가 가지고 있던 사탕은 몇 개인지 구하시오.

답 (   )개

[보기]   13   350   363

친구들에게 나누어 준

사탕의 수

= 14 × 25

=   (개)

처음에 지호가 가지고 있던

사탕의 수

= 350 +

=   (개)

02

수 카드 4장 중에서 2장을 뽑아 한 번씩만 사용하여 두 자리 수를 만들려고 한다. 만들 수 있는 가장 큰 두 자리 수와 가장 작은 두 자리 수의 곱은 얼마인지 구하시오.

8 3 2 7

답 (   )

 [보기]   23   87   2001

2 < 3 < 7 < 8

만들 수 있는

가장 큰 두 자리 수:

가장 작은 두 자리 수:

87 × 23 =

03 곧게 뻗은 도로의 한쪽에 처음부터 끝까지 가로수 25그루를 20m 간격으로 심었다. 이 도로의 길이는 몇 m인지 구하시오. (단, 가로수의 두께는 생각하지 않는다.)

답 (   )m

[보기]　　24　1　480

가로수 사이의 간격 수

= 25 - ☐

= 24 (군데)

도로의 길이

= ☐ × 20

= ☐ (m)

월 일

04 승희는 빵 가게에서 한 개에 370원인 단팥빵 4개와 한 개에 890원인 소금빵 5개를 샀다. 승희가 산 빵의 가격은 모두 얼마인지 구하시오.

답 ( )원

[보기] 5930   4450   1480

단팥빵 4개의 값

= 370 × 4

= ☐ (원)

소금빵 5개의 값

= 890 × 5

= 4450 (원)

승희가 산 빵값의 합

= 1480 + ☐

= ☐ (원)

05 어떤 수에 17을 곱해야 할 것을 잘못하여 어떤 수에서 17을 뺐더니 6이 되었다.
바르게 계산한 값과 잘못 계산한 값의 곱은 얼마인지 구하시오.

답 (   )

[보기]   2346   17   23

어떤 수를 □라 하면

□ − 17 = 6

□ = 6 +

   = 23

바르게 계산하면

      × 17 = 391 이므로

391 × 6 =

월   일

06 연속하는 두 수의 합이 89일 때, 이 두 수의 곱은 얼마인지 구하시오.

답 (   )

연속하는 두 수를 각각

□, (□+ ▢)이라 하면

$□ + (□+1) = 89$

$□ + □ = 89 - 1$

$\qquad = 88$

$88 = 44 + 44$ 이므로

□ = ▢ 이고,

$(□+1) = 45$ 이다.

$44 \times 45 = $ ▢

07 다음 곱셈식에서 □ 안에 공통으로 들어갈 수 있는 수를 구하시오.

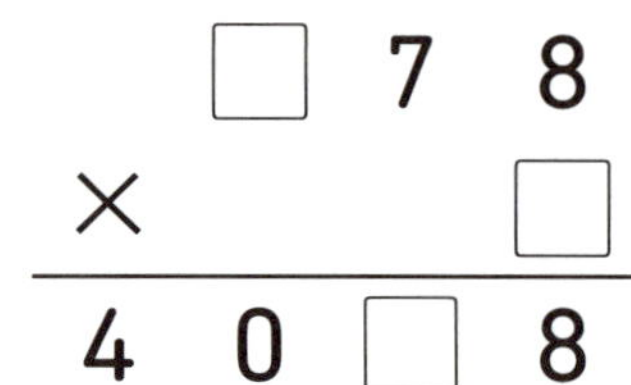

답 (   )

[보기]   1   6   4068

8×□ 의 일의 자리가

8이려면 □=  또는 6이다.

□ =1 일 경우,

178×1 = 178 이므로

성립하지 않는다.

□ = 6 일 경우,

678 × 6 = [   ] 이므로

□ 안에 공통으로

들어갈 수 있는 수 :

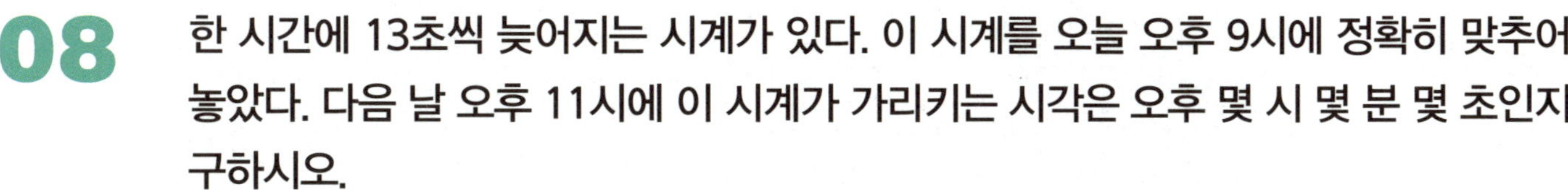

월　　일

08 한 시간에 13초씩 늦어지는 시계가 있다. 이 시계를 오늘 오후 9시에 정확히 맞추어 놓았다. 다음 날 오후 11시에 이 시계가 가리키는 시각은 오후 몇 시 몇 분 몇 초인지 구하시오.

답 오후 (　　　　)시 (　　　　)분 (　　　　)초

[보기]　　2　54　338

오늘 오후 9시부터

다음 날 오후 11시까지는

24 + ☐ = 26 (시간) 이므로

26시간 동안 이 시계가

늦어지는 시간

= 13 × 26 = ☐ (초)

= 5분 38초

다음 날 오후 11시에

이 시계가 가리키는 시각

= 오후 11시 - 5분 38초

= 오후 10시 ☐ 분 22초

2 나눗셈

이번 단원에서 학습할 내용!
(몇십)÷(몇)
(몇십몇)÷(몇)
나머지가 있는 (몇십몇)÷(몇)
(세 자리 수)÷(한 자리 수)
계산이 맞는지 확인하기

01 도화지가 10장씩 8묶음 있다. 이 도화지를 4모둠에게 똑같이 나누어 준다면 한 모둠이 받을 수 있는 도화지는 몇 장인지 구하시오.

답 (   )장

[보기]   4   8   20

전체 도화지의 수

= 10 × ⬜

= 80 (장)

한 모둠이 받을 수 있는

도화지의 수

= 80 ÷ ⬜

= ⬜ (장)

월   일

02

쿠키 99개 중에서 15개를 먹고 남은 쿠키를 봉지 한 개에 3개씩 담아서 모두 포장하려고 한다. 필요한 봉지는 몇 개인지 구하시오.

답 (   )개

2주차

[보기]　　15　28　84

먹고 남은 쿠키의 수

= 99 − 　　

= 84 (개)

필요한 봉지의 수

= 　　 ÷ 3

= 　　 (개)

03 농장에 있는 닭과 돼지의 다리 수를 세어 보니 모두 176개였다. 닭이 42마리라면 돼지는 몇 마리인지 구하시오.

답 ( )마리

[보기] 2 23 84

닭 42마리의 다리 수

= ☐ × 42

= 84 (개)

돼지의 전체 다리 수

= 176 - ☐

= 92 (개)

돼지의 수

= 92 ÷ 4

= ☐ (마리)

정답 17 쪽

월 　 일

04

수 카드 4장을 한 번씩만 사용하여 몫이 가장 큰 (세 자리 수)÷(한 자리 수)를 만들려고 한다. 만든 나눗셈의 몫을 구하시오.

| 3 | 8 | 9 | 7 |

답 (　　　　　　)

[보기]　　3　987　329

$9 > 8 > 7 > 3$

가장 큰 세 자리 수:

가장 작은 한 자리 수:

$987 \div 3 =$

05 한 대에 7명씩 탈 수 있는 버스가 있다. 한 모둠에 9명씩 8모둠의 학생들이 버스에 모두 타려고 한다. 버스는 적어도 몇 대가 필요한지 구하시오.

답 (　　　　)대

[보기]　　1　10　11

전체 학생 수

$= 9 \times 8$

$= 72$(명)

$72 \div 7 = $ □ $\cdots 2$ 이므로

학생들이 모두 타려면

버스는 적어도

$10 +$ □ $=$ □ (대)가

필요하다.

월 일

06

어떤 수를 8로 나누어야 할 것을 잘못하여 곱했더니 968이 되었다. 바르게 계산하면 몫과 나머지는 각각 얼마인지 구하시오.

답 몫 (   ), 나머지 (   )

[보기]　　　1　8　15

어떤 수를 □라 하면

□ × 8 = 968

□ = 968 ÷ ▢

　= 121

바르게 계산하면

121 ÷ 8 = 15 … ▢ 이므로

몫은 ▢ , 나머지는 1이다.

07

어떤 수는 5로 나누었을 때 몫이 18인 가장 큰 두 자리 수이다. 어떤 수를 6으로 나눈 몫과 나머지는 각각 얼마인지 구하시오.

답 몫 (　　　　　), 나머지 (　　　　　)

 [보기]　　4　18　15

5로 나누었을 때 나올 수 있는 나머지 중 가장 큰 수는 $5 - 1 = 4$이다.

어떤 수를 □라 하면

$□ ÷ 5 = 18 \cdots 4$ 이므로

$5 × \boxed{} = 90,$

$90 + 4 = □$

$□ = 94$

$94 ÷ 6 = 15 \cdots \boxed{}$ 이므로

몫은 $\boxed{}$, 나머지는 4이다.

08

길이가 84m인 곧게 뻗은 길의 양쪽에 처음부터 끝까지 4m 간격으로 나무를 심으려고 한다. 필요한 나무는 모두 몇 그루인지 구하시오. (단, 나무의 두께는 생각하지 않는다.)

답 (   )그루

[보기]   1   21   44

나무 사이의 간격 수

= 84 ÷ 4

= ☐ (군데)

도로의 한쪽에 심는 데

필요한 나무의 수

= 21 + ☐

= 22 (그루)

도로의 양쪽에 심는 데

필요한 나무의 수

= 22 × 2

= ☐ (그루)

09 찬호는 취미로 종이학을 153개 접었다. 이 종이학을 친구 8명에게 남김없이 똑같이 나누어 주려고 했더니 몇 개가 부족했다. 종이학을 적어도 몇 개 더 접어야 하는지 구하시오.

답 (   )개

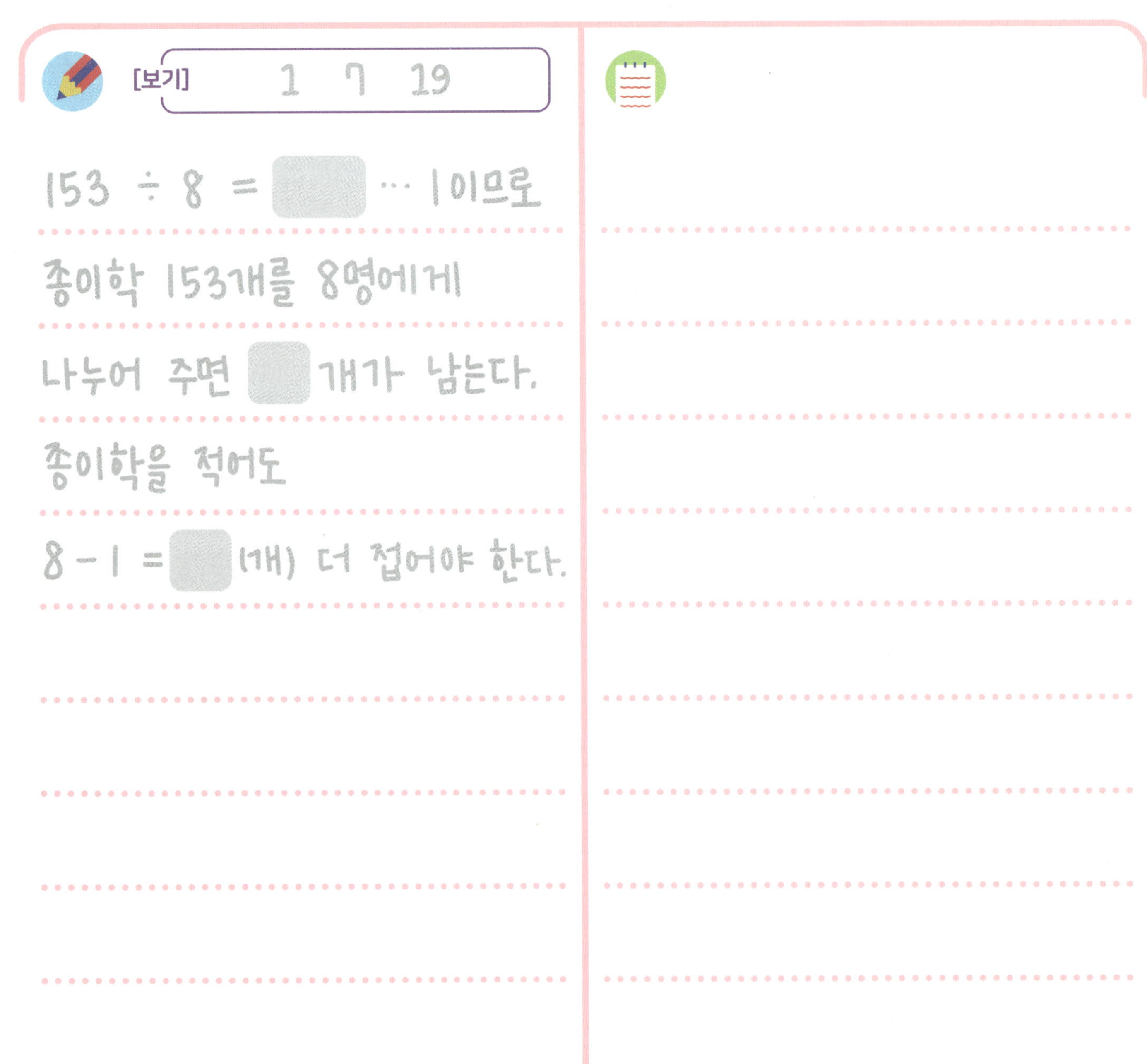

10 소풍을 가서 학생 99명이 짝을 짓는 놀이를 했다. 첫 번째에는 6명씩 짝을 짓고, 두 번째에는 첫 번째에 짝을 지었던 학생들끼리 7명씩 짝을 지었다. 첫 번째와 두 번째에 짝을 짓지 못하고 남은 학생은 모두 몇 명인지 구하시오.

답 (   )명

[보기]   96   8   3

1) 첫 번째

$99 \div 6 = 16 \cdots 3$ 이므로

$6 \times 16 = 96$ (명)이 짝을 짓고,

☐명이 남았다.

2) 두 번째

☐ $\div 7 = 13 \cdots 5$ 이므로

$7 \times 13 = 91$ (명)이 짝을 짓고,

5명이 남았다.

첫 번째와 두 번째에

짝을 짓지 못하고 남은 학생은

$3 + 5 =$ ☐ (명)이다.

월 일

11 □ 안에 들어갈 수 있는 자연수 중에서 가장 큰 수를 구하시오.

$$\square \div 6 = 14 \cdots \triangle$$

답 (   )

[보기] 5 6 89

나머지는 나누는 수보다

작아야 하므로 △는  보다

작아야 한다.

□가 가장 큰 자연수이려면

△는 6보다 작은 수 중

가장 큰 수인 5이어야 한다.

△ = 5일 때

□ ÷ 6 = 14 ⋯ 5이므로

6 × 14 = 84,

84 + ▢ = □

□ = ▢

월   일

12

다음과 같은 규칙으로 숫자를 놓을 때 45째에 놓이는 숫자를 구하시오.

6 4 3 1 5 2 6 4 3 1 5 2 6 4 3 1 5 2 …

답 (   )

[보기]   

6개의 숫자

6, 4, 3, 1, 5, 2가

반복되어 놓이는 규칙이다.

45 ÷ ▢ = 7 … 3 이므로

45째에 놓이는 숫자는

6, 4, 3, 1, 5, 2가

▢번 반복되어 놓인 후

셋째에 놓이는 ▢이다.

13 다음을 모두 만족하는 두 자리 수를 구하시오.

> • 9로 나누어떨어진다.
> • 4로 나누었을 때 나머지가 2이다.
> • 십의 자리 수가 일의 자리 수보다 작다.

답 ( )

[보기] 18 54 90

9로 나누었을 때

나누어떨어지는 두 자리 수 :

18, 27, 36, 45, ,

63, 72, 81, 90, 99

이 중에서 4로 나누었을 때

나머지가 2인 수 :

18, 54, 

이 중에서 십의 자리 수가

일의 자리 수보다 작은 수 :

월   일

14

세 변의 길이가 모두 같고 세 변의 길이의 합이 144cm인 삼각형을 다음과 같이 선을 그어 크기와 모양이 같은 삼각형이 여러 개가 되도록 만들었다. 만들어진 삼각형은 각각 세 변의 길이가 모두 같을 때, 여섯째에 만든 가장 작은 삼각형의 한 변의 길이는 몇 cm인지 구하시오.

첫째	둘째	셋째	넷째
		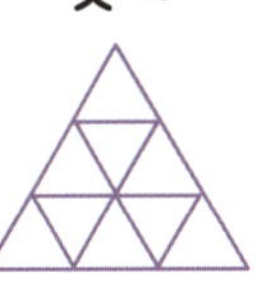	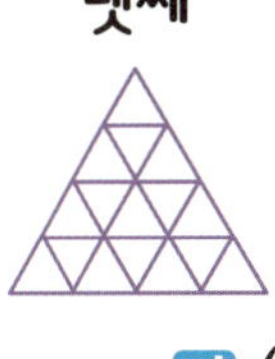

...

답 (   )cm

2주차

[보기]　　3　4　8

첫째 삼각형의 한 변의 길이

$= 144 ÷ \boxed{} = 48$ (cm)

만들어지는 가장 작은

삼각형의 한 변을 구하면

둘째 : $48 ÷ 2 = 24$ (cm),

셋째 : $48 ÷ 3 = 16$ (cm),

넷째 : $48 ÷ \boxed{} = 12$ (cm),

⋮

여섯째 : $48 ÷ 6 = \boxed{}$ (cm)

01

강당에 남자 47명과 여자 48명이 있다. 사람들을 한 줄에 5명씩 세우면 몇 줄이
되는지 구하시오.

답 (　　　　　)줄

[보기]　　5　19　47

전체 사람 수

= ☐ + 48

= 95 (명)

줄 수

= 95 ÷ ☐

= ☐ (줄)

월   일

02 희서가 하루에 14쪽씩 6일 동안 읽은 역사책을 지태가 읽으려고 한다. 매일 똑같은 쪽수씩 읽어 4일 만에 모두 읽으려면 지태는 하루에 몇 쪽씩 읽어야 하는지 구하시오.

답 (   )쪽

3주차

[보기]   6   21   84

역사책의 전체 쪽수

$= 14 \times \boxed{}$

$= 84$ (쪽)

지태가 하루에 읽어야 하는 쪽수

$= \boxed{} \div 4$

$= \boxed{}$ (쪽)

월   일

03 공원에 있는 두발자전거와 세발자전거의 바퀴 수를 세어 보니 모두 168개였다.
세발자전거가 24대라면 두발자전거는 몇 대인지 구하시오.

답 (   )대

[보기]　　3　48　72

세발자전거 24대의 바퀴 수

= ☐ × 24

= 72 (개)

두발자전거의 전체 바퀴 수

= 168 - ☐

= 96 (개)

두발자전거의 수

= 96 ÷ 2

= ☐ (대)

월 일

04

수 카드 4장을 한 번씩만 사용하여 몫이 가장 작은 (세 자리 수)÷(한 자리 수)를 만들려고 한다. 만든 나눗셈의 몫과 나머지를 각각 구하시오.

9 7 4 0

답 몫 ( ), 나머지 ( )

 [보기] 2 45 407

0 < 4 < 7 < 9

가장 작은 세 자리 수 :

가장 큰 한 자리 수 :

9

407 ÷ 9 = 45 ⋯ 이므로

몫은 , 나머지는 2 이다.

월   일

05 한 번에 5명씩 탈 수 있는 놀이기구가 있다. 한 모둠에 8명씩 9모둠의 학생들이 놀이기구를 모두 타려고 한다. 놀이기구를 적어도 몇 번 타야 하는지 구하시오.

답 (   )번

[보기]　　2　15　14

전체 학생 수

$= 8 \times 9$

$= 72$(명)

$72 \div 5 = 14 \cdots \boxed{}$ 이므로

학생들이 모두 타려면

놀이기구를 적어도

$\boxed{} + 1 = \boxed{}$ (번)

타야 한다.

06

어떤 수를 9로 나누어야 할 것을 잘못하여 8로 나누었더니 몫이 12로 나누어떨어졌다. 바르게 계산하면 몫과 나머지는 각각 얼마인지 구하시오.

답 몫 (　　　　　　　　), 나머지 (　　　　　　　　)

[보기]　　　10　6　12

어떤 수를 □라 하면

□ ÷ 8 = 12

□ = 8 × [　]

　 = 96

바르게 계산하면

96 ÷ 9 = [　] ··· 6 이므로

몫은 10, 나머지는 [　] 이다.

07 어떤 수는 7로 나누었을 때 몫이 13인 가장 큰 두 자리 수이다. 어떤 수를 8로 나눈 몫과 나머지는 각각 얼마인지 구하시오.

답 몫 (   ), 나머지 (   )

 [보기]　　1　　12　　7

7로 나누었을 때 나올 수 있는

나머지 중 가장 큰 수는

　　 － 1 = 6 이다.

어떤 수를 □ 라 하면

□ ÷ 7 = 13 ⋯ 6 이므로

7 × 13 = 91,

91 + 6 = □

□ = 97

97 ÷ 8 = 12 ⋯ 　　 이므로

몫은 　　 , 나머지는 1이다.

08 길이가 549m인 곧게 뻗은 길의 양쪽에 처음부터 끝까지 9m 간격으로 나무를 심으려고 한다. 필요한 나무는 모두 몇 그루인지 구하시오. (단, 나무의 두께는 생각하지 않는다.)

답 (   )그루

[보기]   124   61   1

나무 사이의 간격 수

$= 549 \div 9$

$=$ ☐ (군데)

도로의 한쪽에 심는 데 필요한 나무의 수

$= 61 +$ ☐

$= 62$ (그루)

도로의 양쪽에 심는 데 필요한 나무의 수

$= 62 \times 2$

$=$ ☐ (그루)

09 민호는 취미로 종이배를 165개 접었다. 이 종이배를 친구 9명에게 남김없이 똑같이 나누어 주려고 했더니 몇 개가 부족했다. 종이배를 적어도 몇 개 더 접어야 하는지 구하시오.

답 (   )개

[보기]　　3　6　18

$165 \div 9 = \boxed{} \cdots 3$ 이므로

종이배 165개를 9명에게

나누어 주면 3개가 남는다.

종이배를 적어도

$9 - \boxed{} = \boxed{}$ (개) 더 접어야 한다.

10 소풍을 가서 학생 96명이 짝을 짓는 놀이를 했다. 첫 번째에는 9명씩 짝을 짓고, 두 번째에는 첫 번째에 짝을 지었던 학생들끼리 4명씩 짝을 지었다. 첫 번째와 두 번째에 짝을 짓지 못하고 남은 학생은 모두 몇 명인지 구하시오.

답 (   )명

[보기]   6   8   90

1) 첫 번째

$96 \div 9 = 10 \cdots 6$ 이므로

$9 \times 10 = 90$ (명)이 짝을 짓고,

◻️명이 남았다.

2) 두 번째

◻️ $\div 4 = 22 \cdots 2$ 이므로

$4 \times 22 = 88$ (명)이 짝을 짓고,

2명이 남았다.

첫 번째와 두 번째에

짝을 짓지 못하고 남은 학생은

$6 + 2 = $ ◻️ (명)이다.

11 □ 안에 들어갈 수 있는 자연수 중에서 가장 큰 수를 구하시오.

$$\square \div 7 = 14 \cdots \triangle$$

답 (   )

[보기]　　6　7　104

나머지는 나누는 수보다

작아야 하므로 △는 ☐ 보다

작아야 한다.

□가 가장 큰 자연수이려면

△는 7보다 작은 수 중

가장 큰 수인 6이어야 한다.

△ = 6 일 때

□ ÷ 7 = 14 ⋯ 6 이므로

7 × 14 = 98,

98 + ☐ = □

□ = ☐

76

12 다음과 같은 규칙으로 숫자를 놓을 때 166째에 놓이는 숫자를 구하시오.

$$2\ 0\ 2\ 5\ 8\ 4\ 1\ 2\ 0\ 2\ 5\ 8\ 4\ 1\ 2\ 0\ 2\ 5\ 8\ 4\ 1\ \cdots$$

답 (   )

3주차

[보기]　　　7　23　8

7개의 숫자

2, 0, 2, 5, 8, 4, 1 이

반복되어 놓이는 규칙이다.

166 ÷ ▢ = 23 ··· 5 이므로

166째에 놓이는 숫자는

2, 0, 2, 5, 8, 4, 1 이

▢ 번 반복되어 놓인 후

다섯째에 놓이는 ▢ 이다.

13 다음을 모두 만족하는 두 자리 수를 구하시오.

> • 8로 나누어떨어진다.
> • 5로 나누었을 때 나머지가 1이다.
> • 십의 자리 수가 일의 자리 수보다 크다.

답 (   )

[보기]　56　96　72

8로 나누었을 때

나누어떨어지는 두 자리 수 :

16, 24, 32, 40, 48, 56,

64, ⬚ , 80, 88, 96

이 중에서 5로 나누었을 때

나머지가 1인 수 :

16, ⬚ , 96

이 중에서 십의 자리 수가

일의 자리 수보다 큰 수 :

⬚

14

네 변의 길이의 합이 96cm인 정사각형을 다음과 같이 선을 그어 크기와 모양이 같은 정사각형이 여러 개가 되도록 만들었다. 여덟째에 만든 가장 작은 정사각형의 네 변의 길이의 합은 몇 cm인지 구하시오.

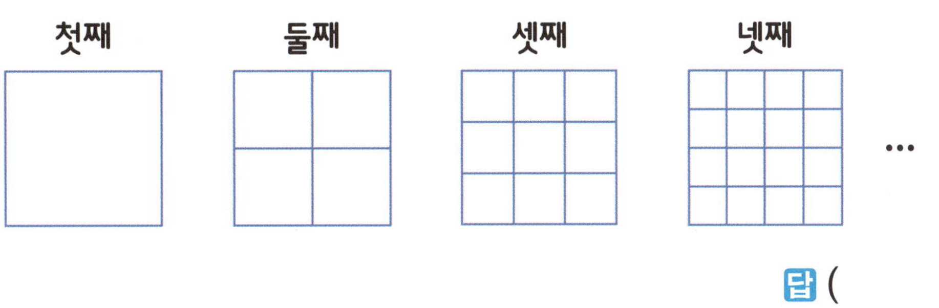

답 (   )cm

[보기]　　　8　　12　　4

첫째 정사각형의 한 변의 길이

$= 96 \div \boxed{} = 24\,(cm)$

만들어지는 가장 작은

정사각형의 한 변을 구하면

둘째 : $24 \div 2 = 12\,(cm)$,

셋째 : $24 \div 3 = 8\,(cm)$,

$\vdots$

여덟째 : $24 \div \boxed{} = 3\,(cm)$

네 변의 길이의 합

$= 3 \times 4 = \boxed{}\,(cm)$

79

01 승재가 하루에 12쪽씩 8일 동안 읽은 교과서를 다시 읽으려고 한다. 매일 똑같은 쪽수씩 읽어 3일 만에 모두 읽으려면 하루에 몇 쪽씩 읽어야 하는지 구하시오.

답 (   )쪽

 [보기]　　　96　　8　　32

교과서의 전체 쪽수

$= 12 \times \boxed{}$

$= 96 \,(쪽)$

하루에 읽어야 하는 쪽수

$= \boxed{} \div 3$

$= \boxed{} \,(쪽)$

02 길이가 98cm인 끈을 겹치지 않게 사용하여 한 변이 2cm인 정사각형을 여러 개 만들었다. 만든 정사각형은 모두 몇 개인지 구하시오.

답 (   )개

[보기]　　2　4　12

만든 정사각형 한 개의

네 변의 길이의 합

$= 2 \times$ ▢

$= 8$ (cm)

$98 \div 8 = 12 \cdots$ ▢ 이므로

만든 정사각형은 모두

▢ 개이다.

03 길이가 135m인 곧게 뻗은 길의 한쪽에 처음부터 끝까지 9m 간격으로 나무를 심으려고 한다. 필요한 나무는 모두 몇 그루인지 구하시오. (단, 나무의 두께는 생각하지 않는다.)

답 (   )그루

 [보기]　　1　15　16

나무 사이의 간격 수

$= 135 \div 9$

$= \boxed{}$ (군데)

필요한 나무의 수

$= 15 + \boxed{}$

$= \boxed{}$ (그루)

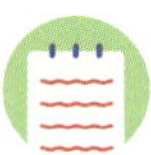

월   일

04 네 변의 길이의 합이 252cm인 정사각형을 다음과 같이 크기와 모양이 같은 정사각형 9개로 나누었다. 가장 작은 정사각형의 네 변의 길이의 합은 몇 cm인지 구하시오.

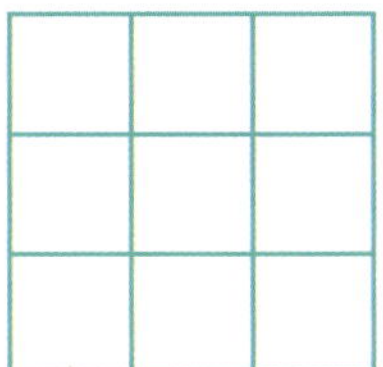

답 (　　　　　)cm

 [보기]　　84　63　3

가장 큰 정사각형의

한 변의 길이

$= 252 \div 4 =$  (cm)

가장 작은 정사각형의

한 변의 길이

$= 63 \div$  $= 21$ (cm)

가장 작은 정사각형의

네 변의 길이의 합

$= 21 \times 4 =$  (cm)

05 어떤 수를 6으로 나누어야 할 것을 잘못하여 9로 나누었더니 몫이 14이고, 나머지가 5이었다. 바르게 계산하면 몫과 나머지는 각각 얼마인지 구하시오.

답 몫 (　　　　　), 나머지 (　　　　　)

[보기]　　5　14　21

어떤 수를 □라 하면

□ ÷ 9 = 14 ⋯ 5이므로

9 × ▢ = 126,

126 + 5 = □

□ = 131

바르게 계산하면

131 ÷ 6 = ▢ ⋯ 5이므로

몫은 21, 나머지는 ▢ 이다.

06

어떤 수는 8로 나누었을 때 몫이 97인 가장 큰 세 자리 수이다. 어떤 수를 5로 나눈 몫과 나머지는 각각 얼마인지 구하시오.

답 몫 (   ), 나머지 (   )

[보기]　　156　　1　　3

8로 나누었을 때 나올 수 있는

나머지 중 가장 큰 수는

8 − ▨ = 7 이다.

어떤 수를 □라 하면

□ ÷ 8 = 97 … 7 이므로

8 × 97 = 776,

776 + 7 = □

□ = 783

783 ÷ 5 = 156 … ▨ 이므로

몫은 ▨ , 나머지는 3 이다.

07 같은 곳에서 버스가 먼저 출발하여 80km를 간 후 택시가 따라서 출발하였다. 일정한 빠르기로 버스는 30분에 13km씩 가고, 택시는 30분에 17km씩 간다고 한다. 버스와 택시가 만나는 것은 택시가 출발한 지 몇 분 후인지 구하시오. (단, 버스와 택시의 길이는 생각하지 않는다.)

답 (   )분 후

[보기]   4   13   600

택시는 버스를 30분에

17 - □ = 4 (km)씩 쫓아간다.

택시가 80 km 앞에 있는

버스를 만나는 것은

80 ÷ □ = 20이므로

택시가 출발한 지

30분이 20번 지난

30 × 20 = □ (분) 후이다.

08

마을별 초등학생 수를 조사하여 나타낸 표이다. 체육관에는 7명씩 앉을 수 있는 의자가 15개 있다. 초등학생들을 체육관에 모두 앉히기 위해서는 7명씩 앉을 수 있는 의자가 적어도 몇 개 더 필요한지 구하시오.

마을별 초등학생 수

마을	가	나	다	라
학생 수(명)	47	43	49	52

답 (　　　　　　)개

3주차

[보기]　　12　　13　　105

초등학생은 모두

$47+43+49+52=191$ (명),

7명씩 앉을 수 있는 의자 15개에

앉은 학생은 $7×15=105$ (명)이다.

남은 학생 $191-\boxed{}=86$ (명)이

의자에 모두 앉으려면

$86÷7=\boxed{}\cdots2$ 이므로

의자가 적어도 $12+1=\boxed{}$ (개)

더 필요하다.

3 원

이번 단원에서 학습할 내용!
원의 중심, 반지름, 지름
원의 성질
원을 이용하여 여러 가지 모양 그리기

01 점 ○이 두 원의 중심일 때, 작은 원의 반지름은 몇 cm인지 구하시오.

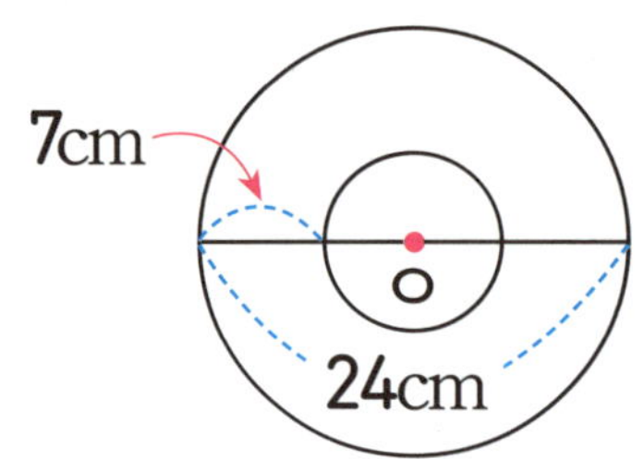

답 (　　　　　)cm

[보기]　　5　7　24

큰 원의 반지름

= □ ÷ 2

= 12 (cm)

작은 원의 반지름

= 12 - □

= □ (cm)

02 점 ㄱ, 점 ㄴ은 원의 중심이다. 선분 ㄱㄴ은 몇 cm인지 구하시오.

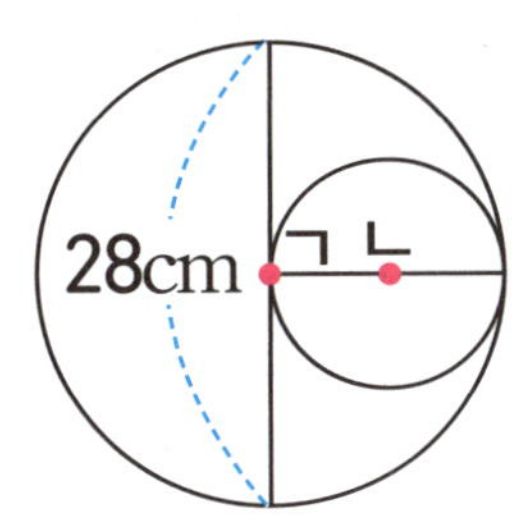

답 (   )cm

 [보기]   2   7   14

큰 원의 반지름

$= 28 \div \boxed{}$

$= 14\,(cm)$

선분 ㄱㄴ은 작은 원의

반지름과 같으므로

(선분 ㄱㄴ)

$= \boxed{} \div 2$

$= \boxed{}\,(cm)$

03

큰 원 안에 크기가 같은 원 3개를 겹치지 않게 이어 붙여서 그렸다. 큰 원의 지름이 36cm일 때, 작은 원의 반지름은 몇 cm인지 구하시오.

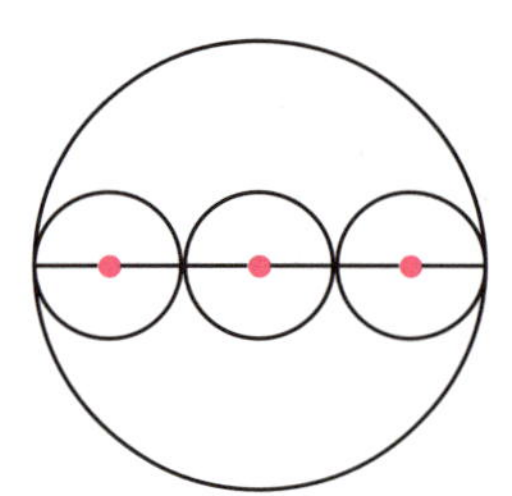

답 (   )cm

[보기]   3   6   12

큰 원의 지름은 작은 원의

지름의 3배이므로

작은 원의 지름

$= 36 \div \boxed{}$

$= 12 \ (cm)$

작은 원의 반지름

$= \boxed{} \div 2$

$= \boxed{} \ (cm)$

월 　 일

04

크기가 같은 원 6개를 서로 중심이 지나도록 겹쳐서 그렸다. 선분 ㄱㄴ의 길이가 56cm일 때, 한 원의 지름은 몇 cm인지 구하시오.

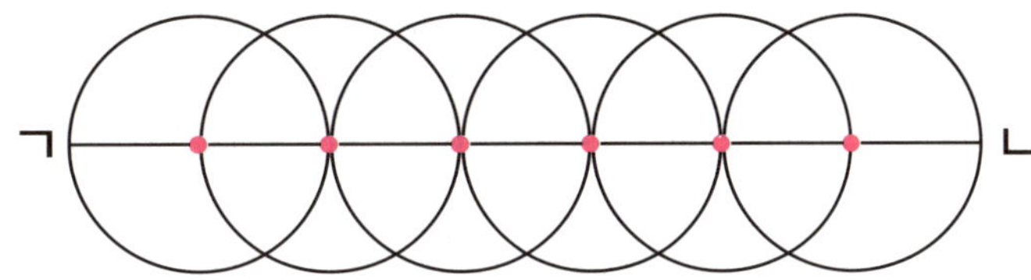

답 (　　　　　　)cm

[보기]　　16　7　56

선분 ㄱㄴ의 길이는 원의

반지름의 ▢ 배이므로

원의 반지름

= ▢ ÷ 7

= 8 (cm)

원의 지름

= 8 × 2

= ▢ (cm)

05 점 ㄴ, 점 ㄹ은 원의 중심이다. 사각형 ㄱㄴㄷㄹ의 네 변의 길이의 합은 몇 cm인지 구하시오.

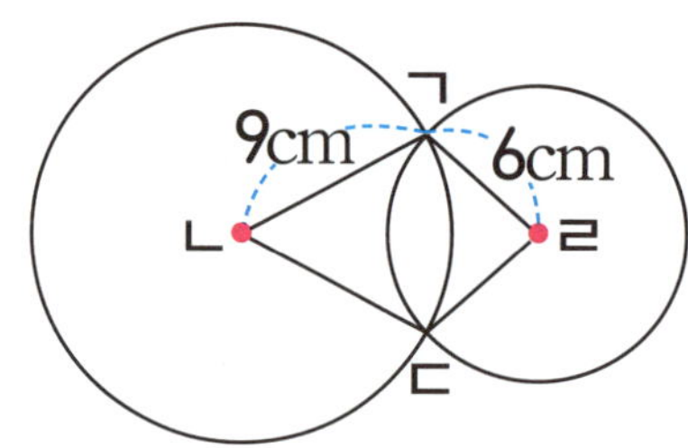

답 (   )cm

[보기]   6   30   9

(변 ㄴㄷ) = (변 ㄴㄱ) =   cm

(변 ㄹㄷ) = (변 ㄹㄱ) =   cm

사각형 ㄱㄴㄷㄹ의 네 변의

길이의 합

= 9 + 9 + 6 + 6

=   (cm)

06

삼각형 ㅇㄱㄴ의 세 변의 길이의 합이 24cm일 때, 원의 반지름은 몇 cm인지 구하시오.

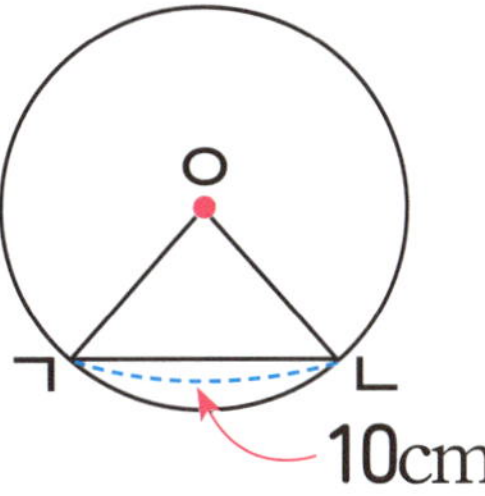

답 (   )cm

[보기]   2   7   24

원의 반지름을

□cm라 하면

(선분ㅇㄱ) = (선분ㅇㄴ) = □cm

□ + 10 + □ =

□ + □ = 24 − 10

= 14

□ = 14 ÷

= 7

원의 반지름 :   cm

07 다음과 같이 원의 중심을 같게 하고, 원의 반지름만 일정하게 늘여 가며 원을 그렸다. 다섯째 원의 지름은 몇 **cm**인지 구하시오.

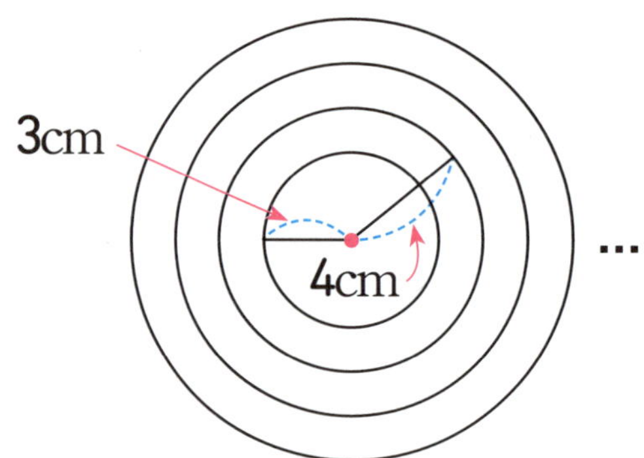

답 (　　　　　　　)cm

 [보기]　　2　3　14

원의 반지름이

4−3=1(cm)씩 늘어나므로

다섯째 원의 반지름

= ☐ +1+1+1+1

=7(cm)

다섯째 원의 지름

=7× ☐

= ☐ (cm)

08

직사각형 안에 크기가 같은 원 3개를 맞닿게 그렸다. 이 직사각형의 긴 변과 짧은 변의 길이의 합은 몇 **cm**인지 구하시오.

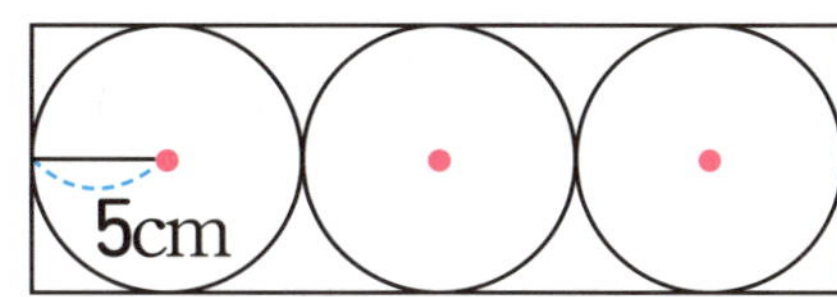

답 (   )cm

 [보기]   40   6   2

직사각형의 긴 변의 길이는

원의 반지름의 ☐ 배이고,

짧은 변의 길이는

원의 지름과 같으므로

직사각형의 긴 변의 길이

= 5 × 6 = 30 (cm)

직사각형의 짧은 변의 길이

= 5 × ☐ = 10 (cm)

30 + 10 = ☐ (cm)

09

한 변의 길이가 32cm인 정사각형 안에 점 ㄴ, 점 ㄹ을 각각 원의 중심으로 하는 원을 이용하여 모양을 그린 것이다. 선분 ㄴㅁ의 길이는 몇 cm인지 구하시오.

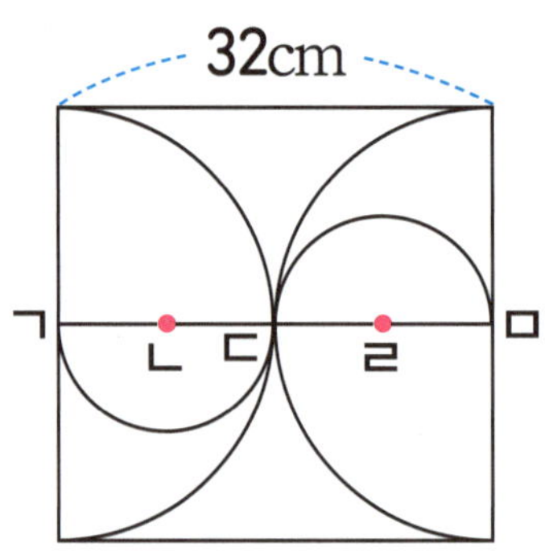

답 (   )cm

 [보기]　　　3　　4　　24

선분 ㄱㅁ의 길이는 정사각형의

한 변의 길이와 같고, 작은

원의 반지름의 4배이므로

(선분 ㄱㅁ) = 32 cm

작은 원의 반지름

= 32 ÷ ☐ = 8 (cm)

선분 ㄴㅁ의 길이는 작은

원의 반지름의 ☐ 배이므로

(선분 ㄴㅁ) = 8 × 3 = ☐ (cm)

월   일

4주차

10 다음과 같이 원 4개를 겹치지 않도록 맞닿게 그려서 사각형을 만들었다. 사각형 ㄱㄴㄷㄹ의 네 변의 길이의 합은 몇 **cm**인지 구하시오.

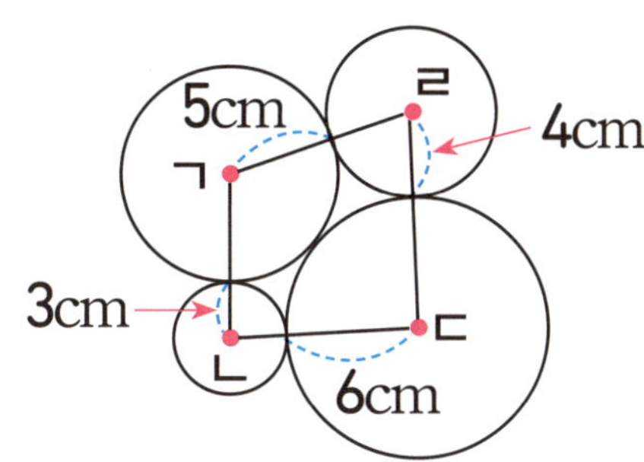

답 (   )cm

[보기]　　4　36　6

(변 ㄱㄴ) = 5 + 3 = 8 (cm)

(변 ㄴㄷ) = 3 + ⬚ = 9 (cm)

(변 ㄷㄹ) = 6 + 4 = 10 (cm)

(변 ㄹㄱ) = ⬚ + 5 = 9 (cm)

사각형 ㄱㄴㄷㄹ의 네 변의

길이의 합

= 8 + 9 + 10 + 9

= ⬚ (cm)

11 직사각형 안에 크기가 같은 원 2개를 서로 원의 중심이 지나도록 겹쳐서 그렸다. 삼각형 ㄱㄴㄷ의 세 변의 길이의 합은 몇 **cm**인지 구하시오.

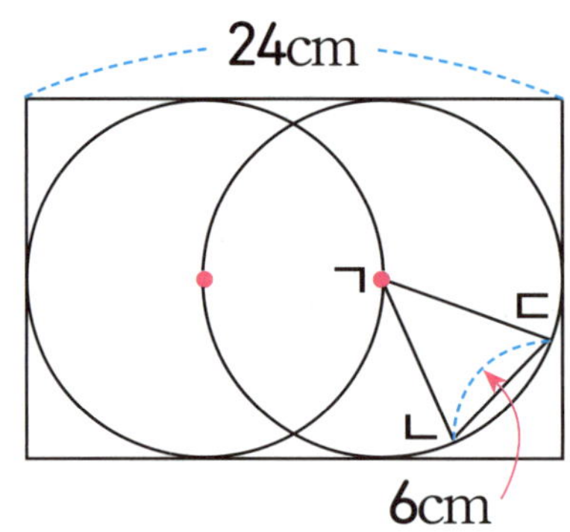

답 ( )cm

[보기] 22 3 8

직사각형의 긴 변의 길이는

원의 반지름의 3배이므로

원의 반지름

= 24 ÷ ☐ = 8 (cm)

(변 ㄱㄴ) = (변 ㄱㄷ) = ☐ cm

삼각형 ㄱㄴㄷ의 세 변의

길이의 합

= 8 + 6 + 8 = ☐ (cm)

월 　　 일

12 긴 변이 36cm인 직사각형 안에 크기가 같은 원 3개를 서로 원의 중심이 지나도록 겹치게 그려서 사각형 2개를 만들었다. 색칠한 사각형 2개의 모든 변의 길이의 합은 몇 cm인지 구하시오.

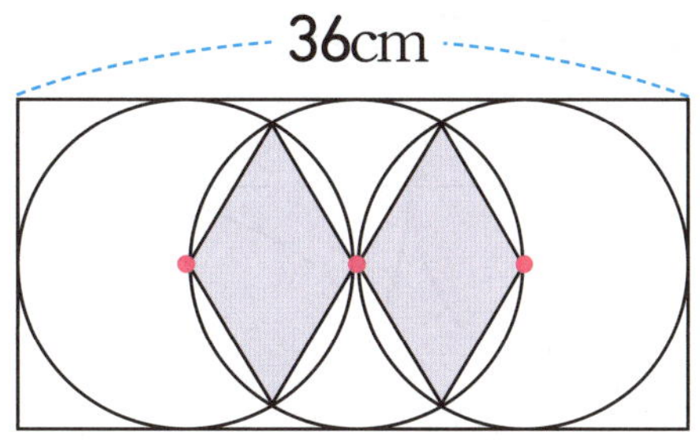

답 (　　　　　　　)cm

[보기]  72　8　4

직사각형의 긴 변의 길이는

원의 반지름의 　 배이므로

원의 반지름

$= 36 \div 4 = 9 \text{(cm)}$

색칠한 사각형 2개의

모든 변은 원의 반지름과

길이가 같으므로

색칠한 사각형 2개의

모든 변의 길이의 합

$= 9 \times = \text{(cm)}$

13 다음은 직사각형 안에 점 ㄱ, 점 ㄴ, 점 ㄷ, 점 ㄹ을 각각 원의 중심으로 하여 원의 일부분을 4개 그린 것이다. 점 ㄷ을 원의 중심으로 하는 원의 반지름은 점 ㄴ을 원의 중심으로 하는 원의 반지름의 4배보다 1 cm 더 짧다. 점 ㄹ을 원의 중심으로 하는 원의 반지름은 몇 cm인지 구하시오.

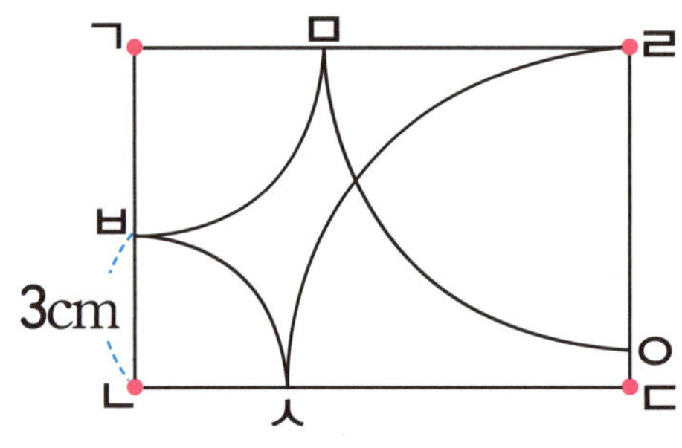

답 (   ) cm

 [보기]　　　6　　11　　3

선분 ㄷㄹ의 길이는

3 cm의 4배인 12 cm보다

1 cm 더 짧으므로 11 cm이다.

(선분 ㄱㅂ) = 11 - 3 = 8 (cm)

(선분 ㄴㅅ) = (선분 ㄴㅂ) = ☐ cm

(선분 ㄷㅅ) = (선분 ㄷㄹ) = 11 cm

(선분 ㄴㄷ) = 3 + ☐ = 14 (cm)

(선분 ㄱㅁ) = (선분 ㄱㅂ) = 8 cm

(선분 ㄹㅁ) = 14 - 8 = ☐ (cm)

14 직사각형 안에 작은 원과 큰 원을 겹치지 않도록 맞닿게 그렸다. 작은 원 2개의 지름과 큰 원 2개의 지름이 각각 같을 때, 작은 원의 지름은 몇 cm인지 구하시오.

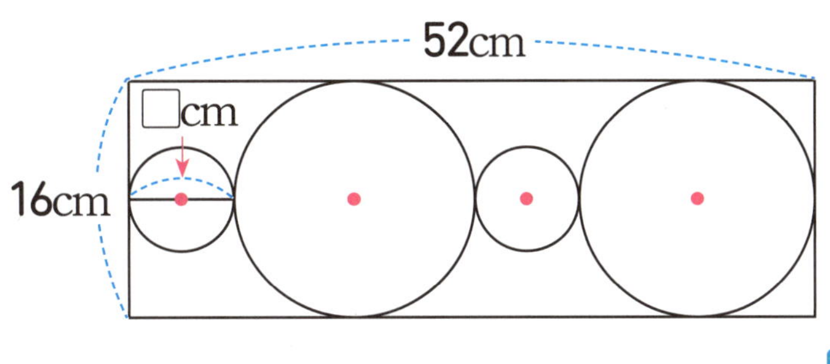

답 (   )cm

[보기]   10   16   32

큰 원의 지름은 직사각형의

짧은 변의 길이와 같으므로

큰 원의 지름 = ▱ cm

작은 원 2개와 큰 원 2개의

지름의 합이 직사각형의

긴 변의 길이와 같으므로

□+16+□+16=52

□+□+ ▱ =52

□+□ = 52-32 = 20

□= 20÷2 = ▱

103

01 점 ㅇ이 두 원의 중심일 때, 작은 원의 반지름은 몇 **cm**인지 구하시오.

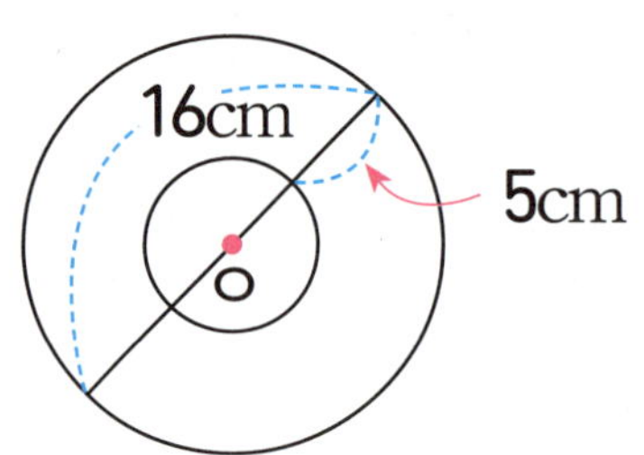

답 (　　　　　)cm

[보기]　　2　3　8

큰 원의 반지름

= 16 ÷ □

= 8 (cm)

작은 원의 반지름

= □ − 5

= □ (cm)

02 점 ㄱ, 점 ㄴ은 원의 중심이다. 선분 ㄱㄴ은 몇 cm인지 구하시오.

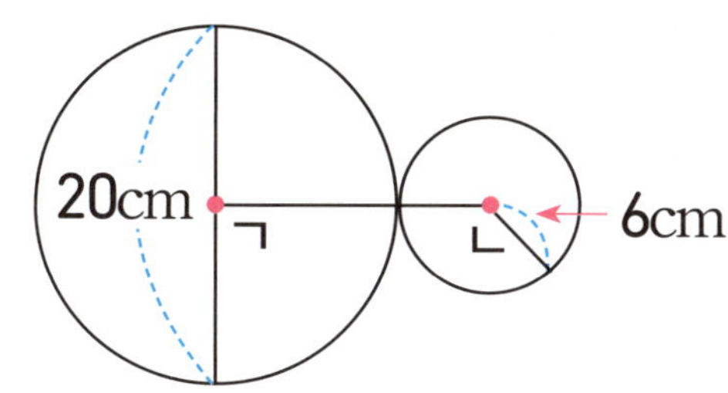

답 (　　　　　　)cm

[보기]   16   20   6

큰 원의 반지름

= ☐ ÷ 2

= 10 (cm)

선분 ㄱㄴ의 길이는

큰 원의 반지름과

작은 원의 반지름의

합과 같으므로

(선분 ㄱㄴ)

= 10 + ☐

= ☐ (cm)

03

큰 원 안에 크기가 같은 원 4개를 겹치지 않게 이어 붙여서 그렸다. 큰 원의 지름이 24cm일 때, 작은 원의 반지름은 몇 cm인지 구하시오.

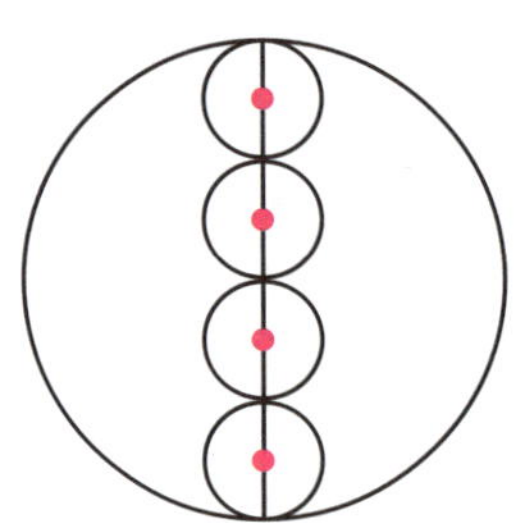

답 (   )cm

[보기]   2   3   4

큰 원의 지름은 작은 원의

지름의 ⬜ 배이므로

작은 원의 지름

= 24 ÷ 4

= 6 (cm)

작은 원의 반지름

= 6 ÷ ⬜

= ⬜ (cm)

04

크기가 같은 원 8개를 서로 중심이 지나도록 겹쳐서 그렸다. 선분 ㄱㄴ의 길이가 72cm일 때, 한 원의 지름은 몇 cm인지 구하시오.

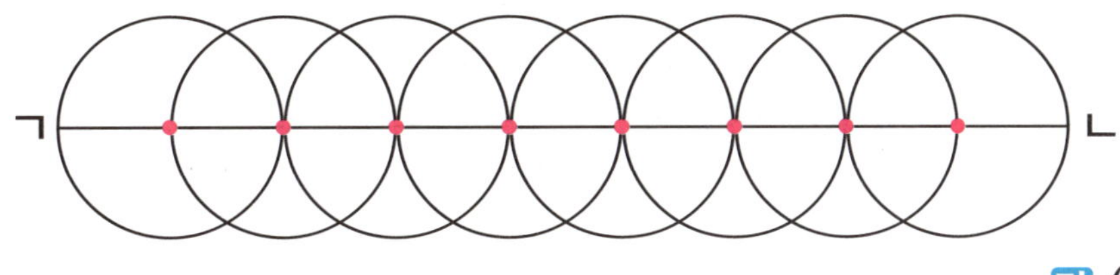

답 (   )cm

[보기]   9   16   8

선분 ㄱㄴ의 길이는 원의

반지름의 9배이므로

원의 반지름

= 72 ÷ ▢

= 8 (cm)

원의 지름

= ▢ × 2

= ▢ (cm)

05 점 ㄴ, 점 ㄷ은 원의 중심이다. 삼각형 ㄱㄴㄷ의 세 변의 길이의 합은 몇 cm인지 구하시오.

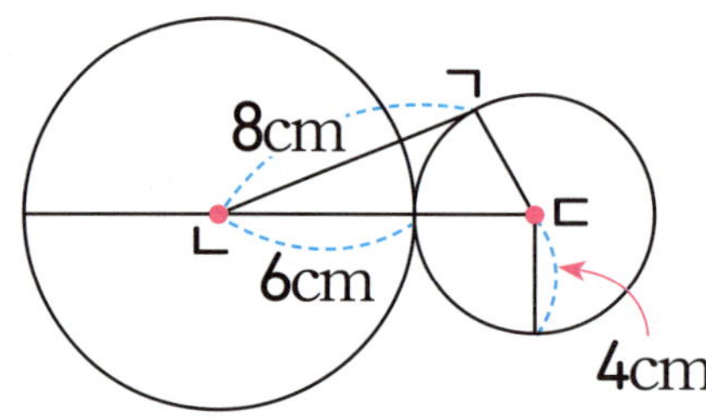

답 (   )cm

 [보기]　　4　6　22

(변 ㄴㄷ) = ☐ + 4 = 10 (cm)

(변 ㄷㄱ) = ☐ cm

삼각형 ㄱㄴㄷ의 세 변의

길이의 합

= 8 + 10 + 4

= ☐ (cm)

월   일

06 삼각형 ㄱㄴㄷ의 세 변의 길이의 합이 48cm일 때, 원의 반지름은 몇 cm인지 구하시오.

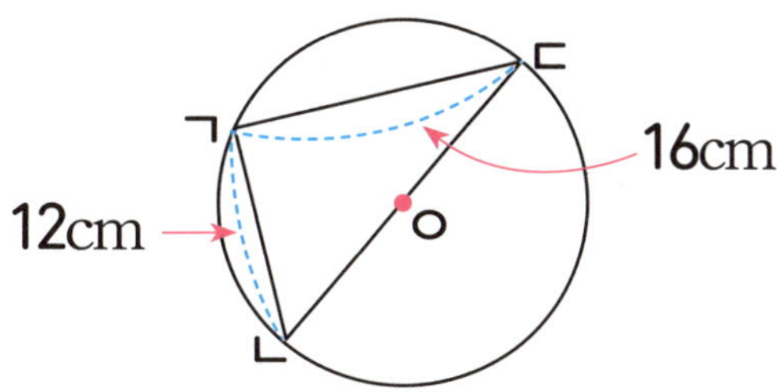

답 (　　　　　)cm

[보기]　　10　　20　　28

원의 반지름을

□ cm라 하면

(선분 ㅇㄴ) = (선분 ㅇㄷ) = □ cm

(선분 ㄴㄷ) = (□ + □)cm

12 + (□ + □) + 16 = 48

□ + □ + ⬛ = 48

□ + □ = 48 − 28 = 20

□ = ⬛ ÷ 2 = 10

원의 반지름 : ⬛ cm

4주차

07

다음과 같이 원의 중심을 같게 하고, 원의 반지름만 일정하게 늘여 가며 원을 그렸다. 여섯째 원의 지름은 몇 **cm**인지 구하시오.

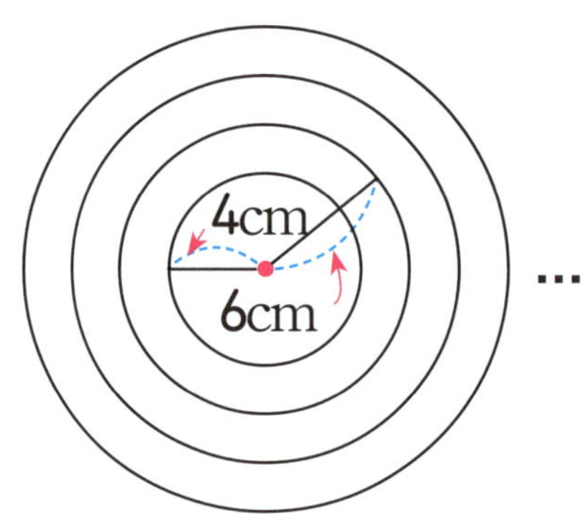

답 (   )cm

[보기]　　28　　2　　14

원의 반지름이

6-4=2 (cm) 씩 늘어나므로

여섯째 원의 반지름

= 4+2+2+2+2+

=14 (cm)

여섯째 원의 지름

=   × 2

=   (cm)

08

정사각형 안에 크기가 같은 원 4개를 맞닿게 그렸다. 이 정사각형의 네 변의 길이의 합은 몇 cm인지 구하시오.

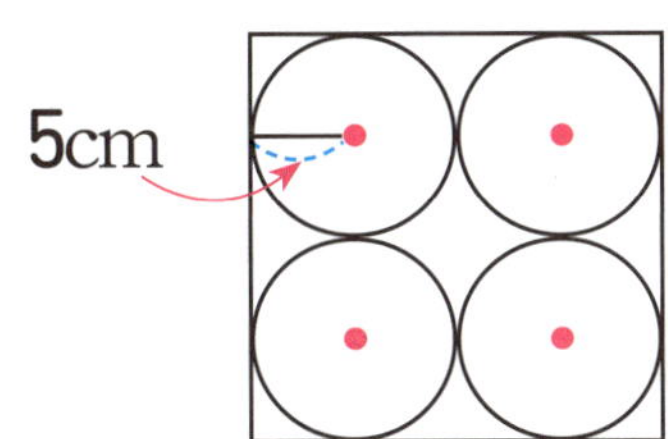

답 (   )cm

[보기]   80   4   20

정사각형의 한 변의 길이는

원의 반지름의 ⬛ 배이므로

정사각형의 한 변의 길이

$= 5 \times 4$

$= 20 \ (cm)$

정사각형의 네 변의

길이의 합

$= \boxed{} \times 4$

$= \boxed{} \ (cm)$

09 한 변의 길이가 24cm인 정사각형 안에 점 ㄴ, 점 ㄷ, 점 ㄹ을 각각 원의 중심으로 하는 원을 이용하여 모양을 그린 것이다. 선분 ㄱㄹ의 길이는 몇 cm인지 구하시오.

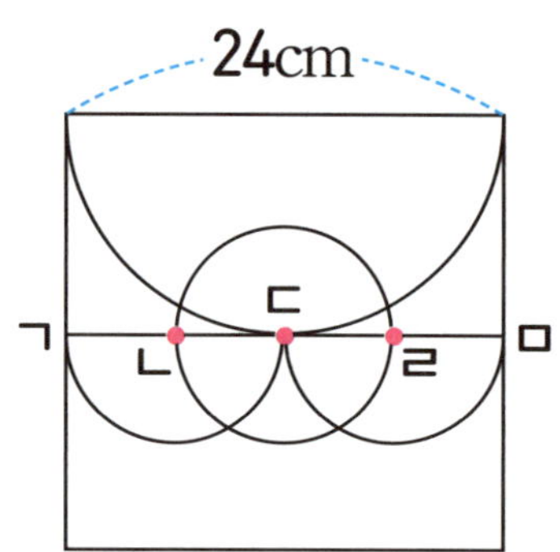

답 (　　　　　)cm

[보기]　　3　4　18

선분 ㄱㅁ의 길이는 정사각형의

한 변의 길이와 같고, 작은

원의 반지름의 [　] 배이므로

(선분 ㄱㅁ) = 24 cm

작은 원의 반지름

= 24 ÷ 4 = 6 (cm)

선분 ㄱㄹ의 길이는 작은

원의 반지름의 3 배이므로

(선분 ㄱㄹ) = 6 × [　] = [　] (cm)

월   일

10

다음과 같이 원 3개를 겹치지 않도록 맞닿게 그려서 삼각형을 만들었다. 삼각형 ㄱㄴㄷ의 세 변의 길이의 합은 몇 **cm**인지 구하시오.

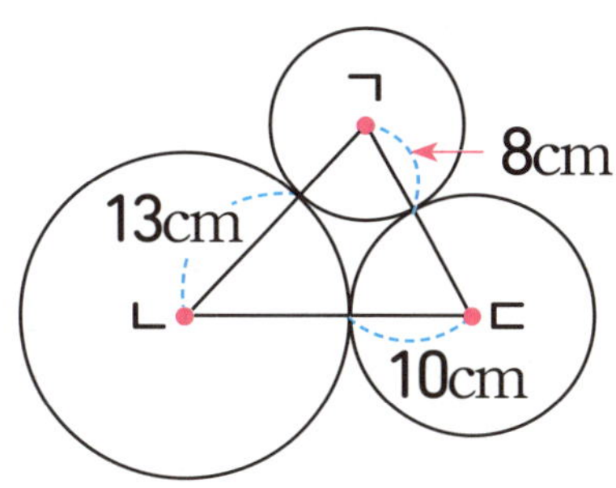

답 (   )cm

 [보기]　　10　13　62

(변 ㄱㄴ)= 8+ ☐ = 21 (cm)

(변 ㄴㄷ)=13+10 = 23 (cm)

(변 ㄷㄱ)= ☐ +8 =18 (cm)

삼각형 ㄱㄴㄷ의 세 변의

길이의 합

= 21 + 23 +18

= ☐ (cm)

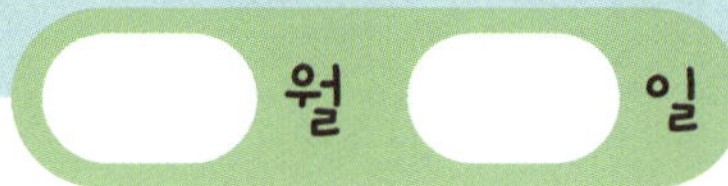

11 직사각형 안에 크기가 같은 원 3개를 서로 원의 중심이 지나도록 겹쳐서 그렸다. 삼각형 ㄱㄴㄷ의 세 변의 길이의 합은 몇 **cm**인지 구하시오.

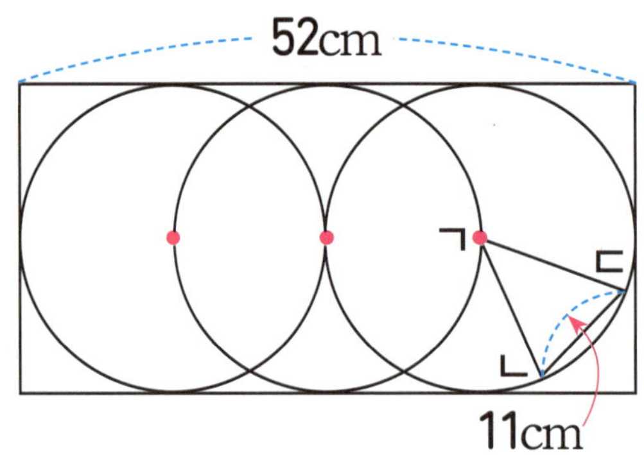

답 (   )cm

 [보기]　　37　4　13

직사각형의 긴 변의 길이는

원의 반지름의 [　] 배이므로

원의 반지름

$= 52 \div 4 = 13 \,(cm)$

(변 ㄱㄴ) = (변 ㄱㄷ) = [　] cm

삼각형 ㄱㄴㄷ의 세 변의

길이의 합

$= 13 + 11 + 13 =$ [　] (cm)

월 　 일

4주차

12

긴 변이 32cm인 직사각형 안에 크기가 같은 원 3개를 서로 원의 중심이 지나도록 겹치게 그려서 사각형 2개를 만들었다. 색칠한 사각형 2개의 모든 변의 길이의 합은 몇 cm인지 구하시오.

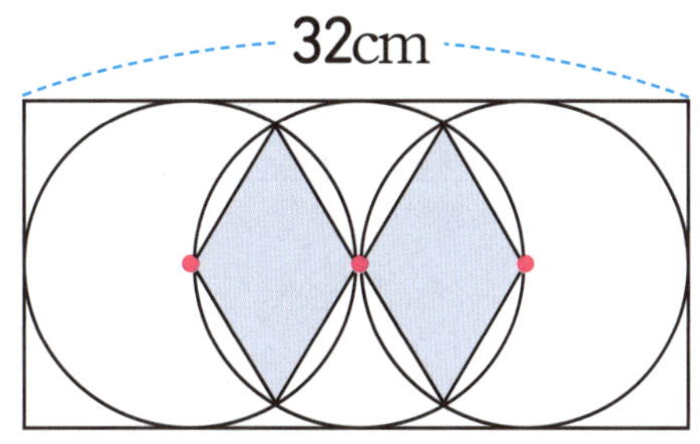

답 (　　　　　)cm

[보기] 　 64 　 4 　 8

직사각형의 긴 변의 길이는

원의 반지름의 4배이므로

원의 반지름

= 32 ÷ ⬜ = 8 (cm)

색칠한 사각형 2개의

모든 변은 원의 반지름과

길이가 같으므로

색칠한 사각형 2개의

모든 변의 길이의 합

= 8 × ⬜ = ⬜ (cm)

13 다음은 직사각형 안에 점 ㄱ, 점 ㄴ, 점 ㄷ, 점 ㄹ을 각각 원의 중심으로 하여 원의 일부분을 4개 그린 것이다. 점 ㄴ을 원의 중심으로 하는 원의 반지름은 점 ㄷ을 원의 중심으로 하는 원의 반지름의 3배보다 1cm 더 길다. 점 ㄱ을 원의 중심으로 하는 원의 반지름은 몇 cm인지 구하시오.

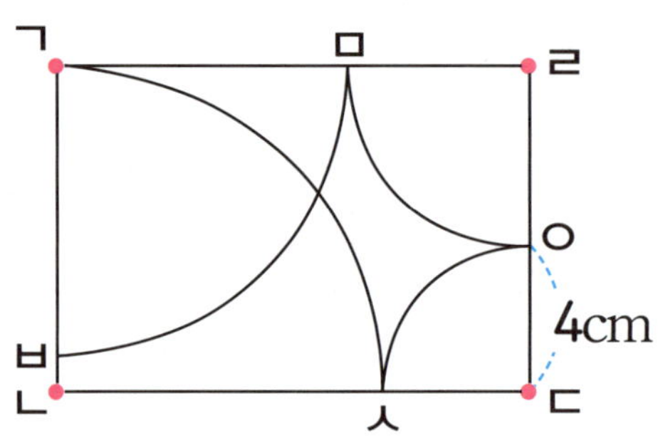

답 (   )cm

 [보기]   8   9   13

선분 ㄴㄱ의 길이는

4cm의 3배인 12cm 보다

1cm 더 길므로 13cm 이다.

(선분 ㄹㅇ) = 13 − 4 = 9 (cm)

(선분 ㄴㅅ) = (선분 ㄴㄱ) = ▢ cm

(선분 ㄷㅅ) = (선분 ㄷㅇ) = 4 cm

(선분 ㄴㄷ) = 13 + 4 = 17 (cm)

(선분 ㄹㅁ) = (선분 ㄹㅇ) = ▢ cm

(선분 ㄱㅁ) = 17 − 9 = ▢ (cm)

14 직사각형 안에 큰 원과 작은 원을 겹치지 않도록 맞닿게 그렸다. 큰 원 2개의 지름과 작은 원 2개의 지름이 각각 같을 때, 작은 원의 지름은 몇 cm인지 구하시오.

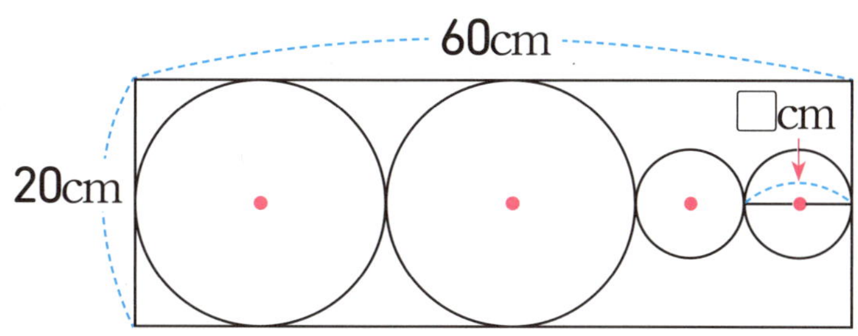

답 (　　　　　)cm

큰 원의 지름은 직사각형의

짧은 변의 길이와 같으므로

큰 원의 지름 = ☐ cm

큰 원 2개와 작은 원 2개의

지름의 합이 직사각형의

긴 변의 길이와 같으므로

20 + 20 + ☐ + ☐ = ☐

☐ + ☐ + 40 = 60

☐ + ☐ = 60 − 40 = 20

☐ = 20 ÷ 2 = ☐

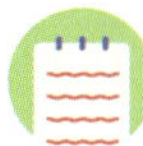

117

01 점 ㄱ, 점 ㄴ, 점 ㄷ은 원의 중심이다. 선분 ㄱㄷ은 몇 cm인지 구하시오.

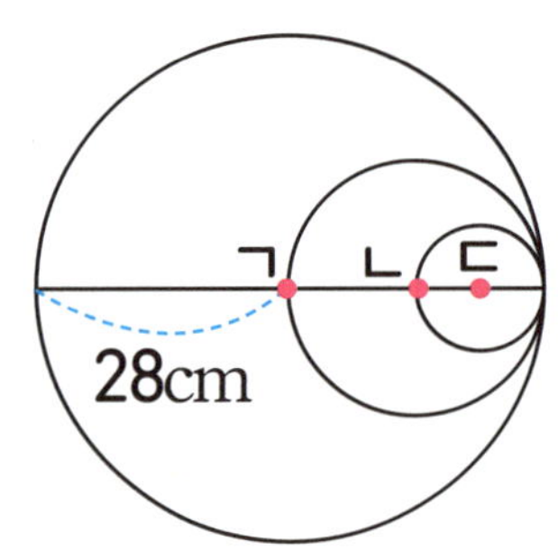

답 (　　　　　)cm

[보기]　　2　21　28

(선분 ㄱㄴ)

= □ ÷ 2

= 14 (cm)

(선분 ㄴㄷ)

= 14 ÷ □

= 7 (cm)

(선분 ㄱㄷ)

= 14 + 7

= □ (cm)

02

크기가 같은 원 5개를 서로 중심이 지나도록 겹쳐서 그렸다. 선분 ㄱㄴ은 몇 cm인
지 구하시오.

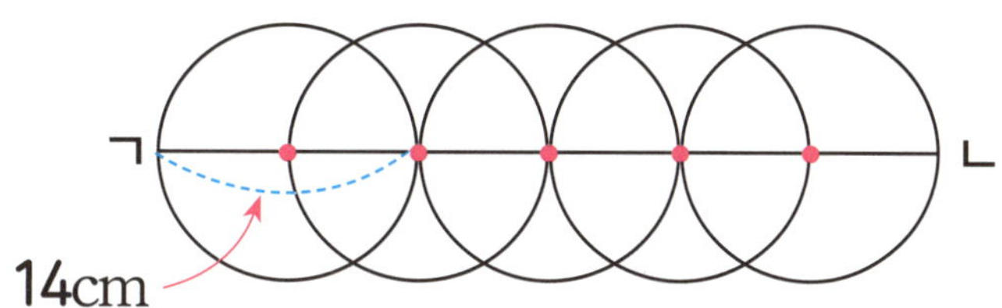

답 (   )cm

[보기]　　6　　7　　42

원의 반지름

= 14 ÷ 2

= 7 (cm)

선분 ㄱㄴ의 길이는 원의

반지름의 ☐ 배이므로

(선분 ㄱㄴ)

= ☐ × 6

= ☐ (cm)

119

03

점 ㄴ, 점 ㄹ은 원의 중심이다. 사각형 ㄱㄴㄷㄹ의 네 변의 길이의 합은 몇 cm인지 구하시오.

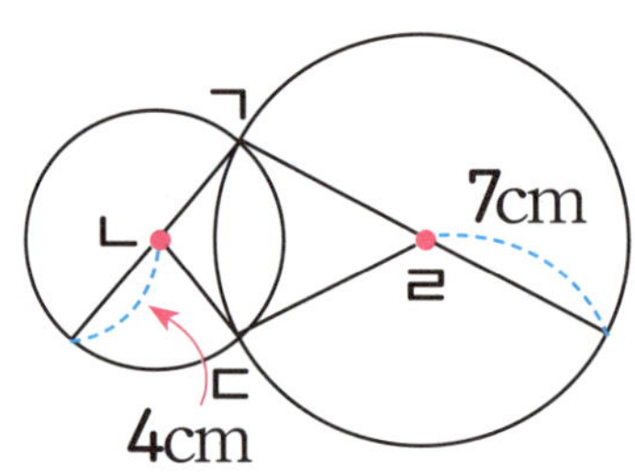

답 (   )cm

[보기]   4   7   22

(변 ㄴㄱ) = (변 ㄴㄷ) = 4 cm

(변 ㄹㄷ) = (변 ㄹㄱ) = ▢ cm

사각형 ㄱㄴㄷㄹ의 네 변의

길이의 합

= 4 + ▢ + 7 + 7

= ▢ (cm)

월 일

04

삼각형 ㅇㄱㄴ의 세 변의 길이의 합이 31cm일 때, 원의 반지름은 몇 cm인지 구하시오.

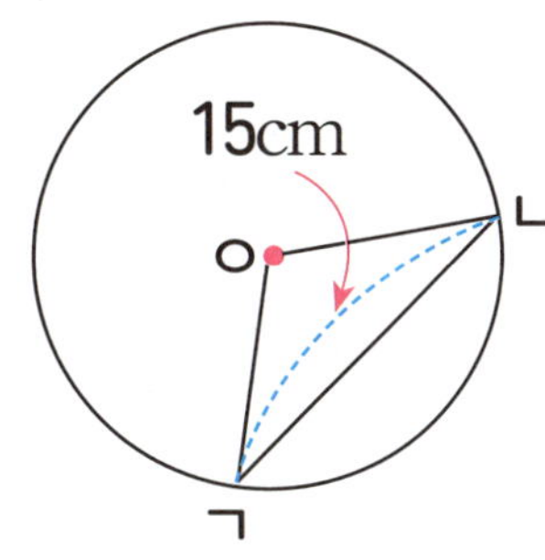

답 ( )cm

[보기] 15 8 16

원의 반지름을

□cm라 하면

(선분 ㅇㄱ) = (선분 ㅇㄴ) = □cm

□ + 15 + □ = 31

□ + □ = 31 −

= 16

□ = ÷ 2

= 8

원의 반지름 : ▢ cm

121

STEP 3

05 다음과 같이 반지름이 각각 4cm, 2cm인 두 종류의 원을 겹치지 않도록 맞닿게 그려서 직사각형을 만들었다. 직사각형 ㄱㄴㄷㄹ의 네 변의 길이의 합은 몇 cm인지 구하시오.

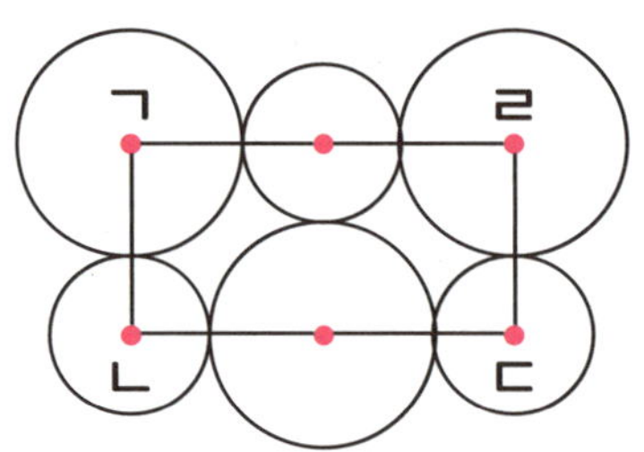

답 (　　　　　　)cm

 [보기]　　2　　4　　36

직사각형 ㄱㄴㄷㄹ의

짧은 변의 길이

= 4 + ☐

= 6 (cm)

긴 변의 길이

= 4 + 2 + 2 + ☐

= 12 (cm)

네 변의 길이의 합

= 6 + 12 + 6 + 12

= ☐ (cm)

월 ⬜ 일

06

큰 원 안에 크기가 같은 작은 원 4개를 겹치지 않도록 맞닿게 그렸다. 큰 원의 지름이 48cm라면 큰 원의 반지름과 작은 원의 반지름의 차는 몇 cm인지 구하시오.

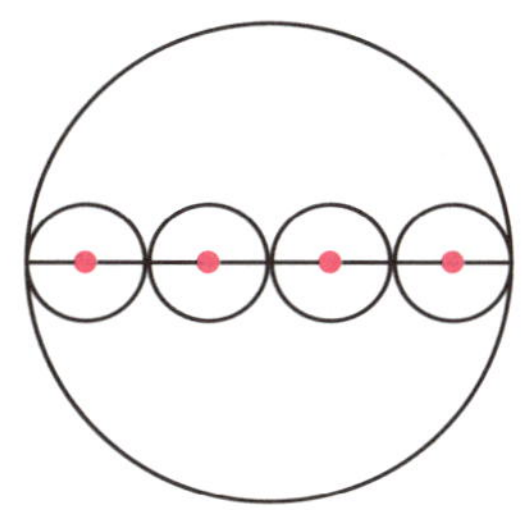

답 (   )cm

 [보기]   8   24   18

큰 원의 반지름

$= 48 \div 2$

$= 24 \, (cm)$

큰 원의 지름은

작은 원의 반지름의

⬜ 배이므로

작은 원의 반지름

$= 48 \div 8$

$= 6 \, (cm)$

 $- 6 =$  (cm)

07 짧은 변이 10cm인 직사각형 안에 크기가 같은 원 2개를 그린 것이다. 직사각형의 네 변의 길이의 합은 몇 cm인지 구하시오.

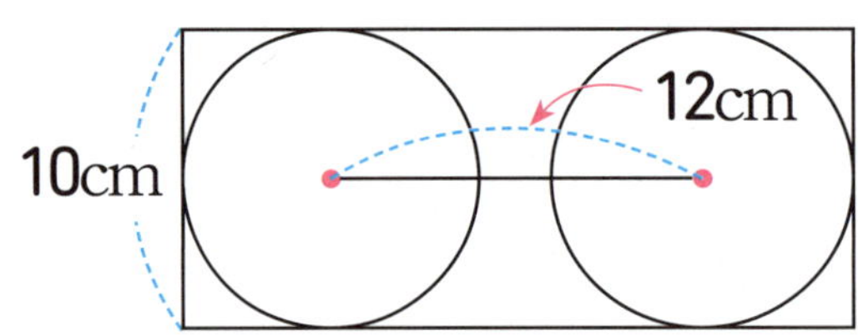

답 (   )cm

[보기]   5   64   10

원의 지름은 직사각형의

짧은 변의 길이와 같으므로

원의 반지름

= ☐ ÷ 2 = 5 (cm)

직사각형의 긴 변의 길이

= 5 + 12 + ☐ = 22 (cm)

직사각형의 네 변의

길이의 합

= 10 + 22 + 10 + 22

= ☐ (cm)

08 긴 변이 20cm인 직사각형 안에 크기가 같은 원 4개를 서로 원의 중심이 지나도록 겹치게 그려서 사각형 3개를 만들었다. 색칠한 사각형 3개의 모든 변의 길이의 합은 몇 cm인지 구하시오.

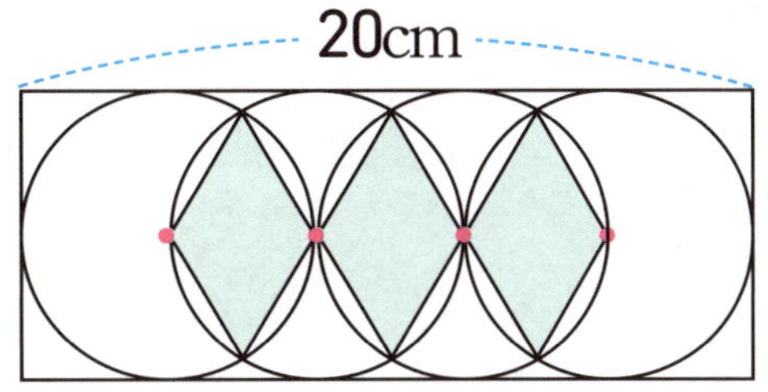

답 (   )cm

[보기]   12   5   48

직사각형의 긴 변의 길이는

원의 반지름의 5배이므로

원의 반지름

= 20 ÷ ☐ = 4 (cm)

색칠한 사각형 3개의

모든 변은 원의 반지름과

길이가 같으므로

색칠한 사각형 3개의

모든 변의 길이의 합

= 4 × ☐ = ☐ (cm)

4 분수

이번 단원에서 학습할 내용!
분수로 나타내기
분수만큼은 얼마인지 알아보기
진분수, 가분수
대분수
분모가 같은 분수의 크기 비교

01 예서는 자두 18개 중에서 9개를 친구에게 주었다. 자두 18개를 3개씩 묶으면 예서가 친구에게 준 자두 9개는 18개의 얼마인지 분수로 나타내시오.

답 (   )

[보기]　　$\dfrac{3}{6}$　3　6

18을 3씩 묶으면

☐묶음이 되고,

9는 전체 6묶음 중의

☐묶음이므로

9개는 18개의 ☐ 이다.

정답 42 쪽

월   일

02

은재네 집에서 학교까지의 거리는 28km이다. 약국은 집에서 학교로 가는 길의 $\frac{4}{7}$ 만큼의 거리에 있다. 은재네 집에서 약국까지의 거리는 몇 km인지 구하시오.

답 (　　　　　)km

[보기]　　4　　16　　$\frac{4}{7}$

은재네 집에서 약국까지의 거리는 28 km의 ⬜ 이다.

28 km를 똑같이 7부분으로 나눈 것 중의 ⬜ 부분이므로

⬜ km이다.

03 진분수는 가분수보다 몇 개 더 많은지 구하시오.

$$\frac{3}{6} \quad \frac{8}{8} \quad \frac{5}{4} \quad \frac{6}{7} \quad \frac{1}{2}$$

답 (　　　　)개

[보기]　　1　$\frac{8}{8}$　$\frac{6}{7}$

진분수 :

$\frac{3}{6}$, □ , $\frac{1}{2}$ → 3개

가분수 :

□ , $\frac{5}{4}$ → 2개

진분수는 가분수보다

3 - 2 = □ (개) 더 많다.

월   일

04 수 카드 3장을 모두 한 번씩만 사용하여 만들 수 있는 가장 작은 대분수를 가분수로 나타내시오.

5　　**3**　　**8**

답 (　　　　　　)

[보기]　　　$3\dfrac{29}{8}$　　$3\dfrac{5}{8}$

 $< 5 < 8$

만들 수 있는 가장

작은 대분수 : 

$3\dfrac{5}{8} =$ 　

05 이수는 사과 25개의 $\frac{2}{5}$를 먹었다. 남은 사과는 몇 개인지 구하시오.

답 (   )개

[보기]   15   10   2

25개를 똑같이 5묶음으로
나눈 것 중의 ▢묶음은
▢ 개이므로 남은 사과는
25 − 10 = ▢ (개) 이다.

06 □ 안에 들어갈 수 있는 자연수는 모두 몇 개인지 구하시오.

$$2\frac{9}{13} < \frac{\square}{13} < 3\frac{1}{13}$$

답 ( )개

$2\frac{9}{13} = \frac{35}{13}$, $3\frac{1}{13} = $ 

$\frac{35}{13} < \frac{\square}{13} < \frac{40}{13}$

 $< \square < 40$ 이므로

□ 안에 들어갈 수 있는

자연수 :

$36, 37, 38, 39 \rightarrow$ ☐ 개

07 $\frac{32}{9}$ 보다 크고 $7\frac{1}{9}$ 보다 작은 분수는 모두 몇 개인지 구하시오.

$$\frac{8}{9} \qquad 4\frac{1}{9} \qquad \frac{53}{9} \qquad \frac{65}{9} \qquad 6\frac{4}{9}$$

답 (   )개

[보기] $3 \qquad \frac{58}{9} \qquad \frac{64}{9}$

$7\frac{1}{9} = \frac{64}{9}$, $4\frac{1}{9} = \frac{37}{9}$,

$6\frac{4}{9} = \boxed{}$

$\frac{8}{9} < \frac{32}{9} < \frac{37}{9} < \frac{53}{9} < \frac{58}{9}$

$< \boxed{} < \frac{65}{9}$ 이므로

$\frac{32}{9}$ 보다 크고 $7\frac{1}{9} \left(= \frac{64}{9}\right)$ 보다

작은 분수 :

$4\frac{1}{9} \left(= \frac{37}{9}\right)$, $\frac{53}{9}$, $6\frac{4}{9} \left(= \frac{58}{9}\right)$

→ $\boxed{}$ 개

08 어떤 공은 땅에 닿으면 떨어진 높이의 $\frac{2}{3}$ 만큼 튀어 오른다. 이 공을 27m 높이에서 떨어뜨린다면 두 번째로 튀어 오르는 공의 높이는 몇 m인지 구하시오.

답 (   )m

5주차

[보기]   12   18 $\frac{2}{3}$

첫 번째로 튀어 오르는

공의 높이는 27 m의

$\frac{2}{3}$ 이므로 [   ] m이다.

두 번째로 튀어 오르는

공의 높이는 18 m의

[   ] 이므로 [   ] m이다.

09 어떤 수의 $\frac{7}{10}$은 28이다. 어떤 수의 $\frac{1}{5}$은 얼마인지 구하시오.

답 (   )

[보기]   7   8   10

$\frac{7}{10}$은 $\frac{1}{10}$이 7개이므로

어떤 수의 $\frac{1}{10}$은

$28 \div \boxed{} = 4$ 이다.

어떤 수의 $\frac{1}{10}$이 4이므로

어떤 수는 $4 \times \boxed{} = 40$ 이다.

40의 $\frac{1}{5}$은 $\boxed{}$ 이다.

10 두 수 사이에 있는 자연수의 합을 구하시오.

$$\frac{14}{5} \qquad \frac{59}{8}$$

답 (   )

5주차

$\dfrac{14}{5} = 2\dfrac{4}{5}$, $\dfrac{59}{8} =$ 

$2\dfrac{4}{5}$ 보다 크고 $7\dfrac{3}{8}$ 보다

 작은 자연수 :

3 , 4 , 5 , 6 ,

3 + 4 + 5 + 6 + 7 =

11 분모가 13인 어떤 대분수를 가분수로 나타내면 분모와 분자의 합이 60이다. 어떤 대분수를 구하시오.

답 (　　　　　　)

[보기]　　$3\dfrac{8}{13}$　　13　　$\dfrac{47}{13}$

가분수의 분모와 분자의

합이 60이고,

분모는 13 이므로

분자는 $60 -$ ＿＿ $= 47$ 이다.

가분수는 ＿＿ 이므로

어떤 대분수는

$\dfrac{47}{13} =$ ＿＿ 이다.

12 희주는 땅콩 63개를 한 봉지에 9개씩 담았다. 그중 몇 봉지를 선생님에게 주었더니 남은 땅콩은 27개였다. 희주가 선생님에게 준 땅콩은 전체 봉지의 얼마인지 분수로 나타내시오.

답 (   )

13 자연수 ㉠과 ㉡이 다음 조건을 만족할 때, ㉡이 될 수 있는 수의 합을 구하시오.

$$3 < ㉠ < 6 \qquad ㉠\dfrac{2}{7} = \dfrac{㉡}{7}$$

답 (   )

[보기] $4 \quad 67 \quad 4\dfrac{2}{7}$

$3 < ㉠ < 6$ 이므로

㉠이 될 수 있는 자연수 :

  , 5

$㉠\dfrac{2}{7} = \dfrac{㉡}{7}$ 이므로

1) ㉠ = 4 일 때

   $= \dfrac{30}{7} \rightarrow ㉡ = 30$

2) ㉠ = 5 일 때

$5\dfrac{2}{7} = \dfrac{37}{7} \rightarrow ㉡ = 37$

$30 + 37 = $

14 민태가 가지고 있는 사탕의 $\frac{4}{11}$는 사과맛으로 36개이고, 나머지는 포도맛이다. 민태가 가지고 있는 포도맛 사탕은 몇 개인지 구하시오.

답 (   )개

[보기]   63   4   11

$\frac{4}{11}$는 $\frac{1}{11}$이 4개이므로

전체 사탕의 $\frac{1}{11}$은

$36 \div \boxed{} = 9$(개)이다.

전체를 똑같이 11묶음으로

나눈 것 중의 4묶음이

사과맛이고, 나머지는

포도맛이므로 포도맛은

$\boxed{} - 4 = 7$(묶음)이다.

포도맛은 전체 사탕의

$\frac{7}{11}$로 $\frac{1}{11}$이 7개이므로

$9 \times 7 = \boxed{}$(개)이다.

01 채아는 쿠키 16개 중에서 4개를 친구에게 주었다. 쿠키 16개를 2개씩 묶으면 채아가 친구에게 준 쿠키 4개는 16개의 얼마인지 분수로 나타내시오.

답 (   )

[보기]   2   8 $\frac{2}{8}$

16을 2씩 묶으면

◻ 묶음이 되고,

4는 전체 8묶음 중의

◻ 묶음이므로

4개는 16개의 ◻ 이다.

월   일

02

민규네 집에서 학교까지의 거리는 24km이다. 서점은 집에서 학교로 가는 길의 $\frac{5}{8}$ 만큼의 거리에 있다. 민규네 집에서 서점까지의 거리는 몇 km인지 구하시오.

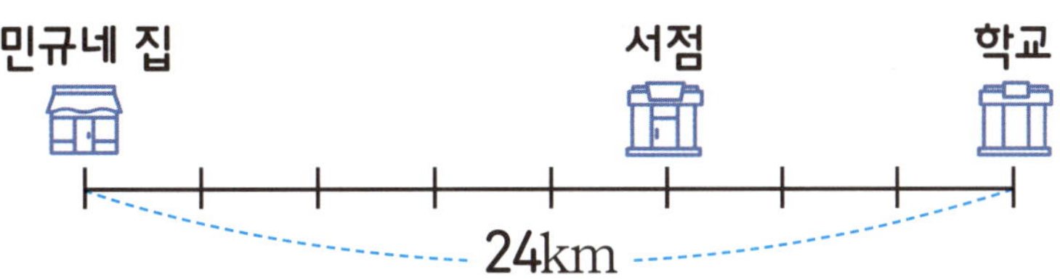

답 (   )km

6주차

[보기]　　8　　15　　$\frac{5}{8}$

민규네 집에서 서점까지의

거리는 24km의 □이다.

24km를 똑같이 □ 부분으로

나눈 것 중의 5부분이므로

□ km이다.

03 가분수는 진분수보다 몇 개 더 많은지 구하시오.

$$\frac{5}{3} \quad \frac{7}{8} \quad \frac{6}{5} \quad \frac{9}{9} \quad \frac{2}{4}$$

답 ( )개

[보기] 

가분수 :

$\frac{5}{3}$, $\frac{6}{5}$, ☐ → 3개

진분수 :

☐, $\frac{2}{4}$ → 2개

가분수는 진분수보다

3 - 2 = ☐ (개) 더 많다.

월 　　 일

04

수 카드 3장을 모두 한 번씩만 사용하여 만들 수 있는 가장 큰 대분수를 가분수로 나타내시오.

  9 2 7

답 (　　　　　　)

[보기] 　　 9　 $\frac{65}{7}$ 　 $9\frac{2}{7}$

$2 < 7 < $ ☐

만들 수 있는 가장

큰 대분수 : ☐

 $9\frac{2}{7} = $ ☐

05

진서는 길이가 42cm인 끈의 $\dfrac{3}{7}$을 사용했다. 남은 끈은 몇 cm인지 구하시오.

답 (   )cm

[보기]   18   24   7

42cm를 똑같이 ☐ 부분으로

나눈 것 중의 3부분은

☐ cm이므로 남은 끈은

42 − 18 = ☐ (cm)이다.

06 □ 안에 들어갈 수 있는 자연수는 모두 몇 개인지 구하시오.

$$3\frac{9}{12} < \frac{\square}{12} < 4\frac{1}{12}$$

답 (   )개

$3\frac{9}{12} = \boxed{}$, $4\frac{1}{12} = \frac{49}{12}$

$\frac{45}{12} < \frac{\square}{12} < \frac{49}{12}$

$45 < \square < \boxed{}$ 이므로

□ 안에 들어갈 수 있는

자연수 :

$46, 47, 48 \rightarrow \boxed{}$ 개

147

07

$\frac{33}{8}$보다 크고 $6\frac{1}{8}$보다 작은 분수는 모두 몇 개인지 구하시오.

$$3\frac{5}{8} \qquad \frac{51}{8} \qquad \frac{47}{8} \qquad 4\frac{3}{8} \qquad \frac{7}{8}$$

답 (   )개

$6\frac{1}{8} = \frac{49}{8}$,　$3\frac{5}{8} = \boxed{}$,

$4\frac{3}{8} = \frac{35}{8}$

$\frac{7}{8} < \frac{29}{8} < \frac{33}{8} < \frac{35}{8} < \boxed{}$

$< \frac{49}{8} < \frac{51}{8}$ 이므로

$\frac{33}{8}$보다 크고 $6\frac{1}{8}(=\frac{49}{8})$ 보다

작은 분수 :

$4\frac{3}{8}(=\frac{35}{8})$, $\frac{47}{8}$ → $\boxed{}$개

08

어떤 공은 땅에 닿으면 떨어진 높이의 $\frac{4}{5}$만큼 튀어 오른다. 이 공을 50m 높이에서 떨어뜨린다면 두 번째로 튀어 오르는 공의 높이는 몇 m인지 구하시오.

답 (   )m

[보기]　　32　$\frac{4}{5}$　40

첫 번째로 튀어 오르는

공의 높이는 50m의

　　　　이므로 40m이다.

두 번째로 튀어 오르는

공의 높이는 　　　　m의

높이므로 　　　　m이다.

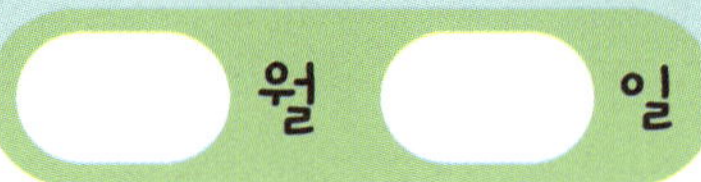

09 어떤 수의 $\frac{4}{11}$ 는 36이다. 어떤 수의 $\frac{1}{9}$ 은 얼마인지 구하시오.

답 (   )

[보기]   11   4   9

$\frac{4}{11}$ 는 $\frac{1}{11}$ 이 ☐ 개이므로

어떤 수의 $\frac{1}{11}$ 은

$36 \div 4 = 9$ 이다.

어떤 수의 $\frac{1}{11}$ 이 9이므로

어떤 수는 ☐ × 11 = 99 이다.

99의 $\frac{1}{9}$ 은 ☐ 이다.

10 두 수 사이에 있는 자연수의 합을 구하시오.

$$\frac{38}{9} \qquad \frac{47}{6}$$

답 (   )

[보기] $4\frac{2}{9}$ 18   5

$\dfrac{38}{9} = \boxed{}$, $\dfrac{47}{6} = 7\frac{5}{6}$

$4\frac{2}{9}$보다 크고 $7\frac{5}{6}$보다

작은 자연수 :

$\boxed{}$, 6, 7

$5 + 6 + 7 = \boxed{}$

11 분모가 14인 어떤 대분수를 가분수로 나타내면 분모와 분자의 합이 51이다. 어떤 대분수를 구하시오.

답 (   )

[보기]　　$\dfrac{37}{14}$　　51　　$2\dfrac{9}{14}$

가분수의 분모와 분자의

합이 51이고,

분모는 14이므로

분자는 〔　　〕 − 14 = 37이다.

가분수는 〔　　〕이므로

어떤 대분수는

$\dfrac{37}{14}$ = 〔　　〕이다.

12 승아는 감자 54개를 한 봉지에 6개씩 담았다. 그중 몇 봉지를 요리에 사용했더니 남은 감자는 42개였다. 승아가 요리에 사용한 감자는 전체 봉지의 얼마인지 분수로 나타내시오.

답 (   )

[보기] $\frac{2}{9}$ 6   9

감자 54개를 한 봉지에

6개씩 담으면

$54 \div 6 = 9$(봉지)가 된다.

남은 감자 42개는

$42 \div \boxed{} = 7$(봉지)이므로

요리에 사용한 감자는

$\boxed{} - 7 = 2$(봉지)이고,

전체 봉지의 $\boxed{}$ 이다.

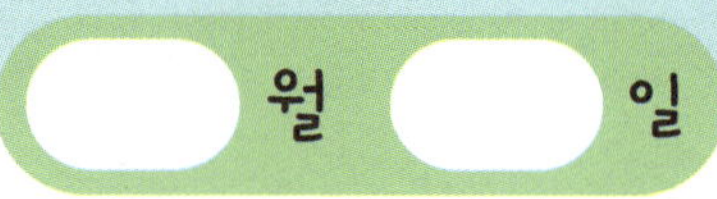

13 자연수 ㉠과 ㉡이 다음 조건을 만족할 때, ㉡이 될 수 있는 수의 합을 구하시오.

$$2 < ㉠ < 5 \qquad ㉠\frac{5}{6} = \frac{㉡}{6}$$

답 (　　　　　　　)

[보기]　　52　　4　　$4\frac{5}{6}$

2 < ㉠ < 5 이므로

㉠이 될 수 있는 자연수:

3, ▢

$㉠\frac{5}{6} = \frac{㉡}{6}$ 이므로

1) ㉠ = 3일 때

$3\frac{5}{6} = \frac{23}{6} \rightarrow ㉡ = 23$

2) ㉠ = 4일 때

▢ $= \frac{29}{6} \rightarrow ㉡ = 29$

23 + 29 = ▢

14 시유가 가지고 있는 풍선의 $\frac{8}{13}$은 보라색으로 48개이고, 나머지는 노란색이다.
시유가 가지고 있는 노란색 풍선은 몇 개인지 구하시오.

답 (   )개

[보기]　　　8　30　48

$\frac{8}{13}$은 $\frac{1}{13}$이 8개이므로

전체 풍선의 $\frac{1}{13}$은

 ÷ 8 = 6(개)이다.

전체를 똑같이 13묶음으로

나눈 것 중의 8묶음이

보라색이고, 나머지는

노란색이므로 노란색은

13 -  = 5(묶음)이다.

노란색은 전체 풍선의

$\frac{5}{13}$로 $\frac{1}{13}$이 5개이므로

6 × 5 = 　　　(개)이다.

월 일

01 학생 42명이 6명씩 긴 의자에 앉으려고 한다. 42명을 6명씩 묶으면 24명은 42명의 얼마인지 분수로 나타내시오.

답 ( )

[보기] 4 $\frac{4}{7}$ 7

42를 6씩 묶으면

☐ 묶음이 되고,

24는 전체 7묶음 중의

☐ 묶음이므로

24명은 42명의 ☐ 이다.

02

수지네 식탁에는 쿠키가 56개 있다. 이 중에서 $\dfrac{3}{8}$은 초코 쿠키이고, 나머지의 $\dfrac{4}{7}$는 땅콩 쿠키이다. 땅콩 쿠키는 몇 개인지 구하시오.

답 (   )개

[보기]　　35　　21　　20

초코 쿠키는 56개의

⬚ 이므로 [　] 개이고,

나머지 쿠키는

$56 - 21 = 35$ (개) 이다.

땅콩 쿠키는 [　] 개의

⬚ 이므로 [　] 개이다.

03　어떤 대분수의 자연수와 분자를 바꾼 수를 가분수로 나타냈더니 $\frac{13}{4}$이었다. 어떤 대분수를 구하시오.

답 (　　　　　)

[보기]　　$3\frac{1}{4}$　　$1\frac{3}{4}$

$\frac{13}{4} = $ ☐

어떤 대분수는 $3\frac{1}{4}$에서

자연수와 분자를 바꾸면

되므로 ☐ 이다.

04　어떤 수의 $\frac{8}{9}$은 16이다. 어떤 수의 $\frac{5}{6}$는 얼마인지 구하시오.

답 (　　　　　)

[보기]　　15　8　9

$\frac{8}{9}$은 $\frac{1}{9}$이 8개이므로

어떤 수의 $\frac{1}{9}$은

$16 \div \boxed{} = 2$ 이다.

어떤 수의 $\frac{1}{9}$이 2이므로

어떤 수는 $2 \times \boxed{} = 18$ 이다.

18의 $\frac{5}{6}$는 $\boxed{}$ 이다.

05 어떤 공은 땅에 닿으면 떨어진 높이의 $\frac{3}{4}$만큼 튀어 오른다. 이 공을 64m 높이에서 떨어뜨린다면 세 번째로 튀어 오르는 공의 높이는 몇 m인지 구하시오.

답 (   )m

[보기]   27   36   48

첫 번째로 튀어 오르는
공의 높이는 64m의
$\frac{3}{4}$이므로 ▢ m이다.

두 번째로 튀어 오르는
공의 높이는 48 m의
$\frac{3}{4}$이므로 ▢ m이다.

세 번째로 튀어 오르는
공의 높이는 36 m의
$\frac{3}{4}$이므로 ▢ m이다.

06

4장의 수 카드 중에서 3장을 뽑아 한 번씩만 사용하여 만들 수 있는 대분수는 모두 몇 개인지 구하시오.

 8  7  5  3

답 (   )개

 [보기]   12 $8\frac{3}{5}$ $5\frac{7}{8}$ 

자연수 부분이

1) 3인 대분수 :

$3\frac{5}{7}$, $3\frac{5}{8}$, $3\frac{7}{8}$ → 3개

2) 5인 대분수 :

$5\frac{3}{7}$, $5\frac{3}{8}$, $\boxed{}$ → 3개

3) 7인 대분수 :

$7\frac{3}{5}$, $7\frac{3}{8}$, $7\frac{5}{8}$ → 3개

4) 8인 대분수 :

$\boxed{}$, $8\frac{3}{7}$, $8\frac{5}{7}$ → 3개

$3+3+3+3 = \boxed{}$ (개)

07 분모가 11인 어떤 대분수를 가분수로 나타내면 분모와 분자의 합은 70이다. 어떤 대분수를 구하시오.

답 (　　　　　　)

[보기]　　$5\frac{4}{11}$　　$\frac{59}{11}$　　70

가분수의 분모와 분자의

합이 70 이고,

분모는 11이므로

분자는  $-11=59$ 이다.

가분수는  이므로

어떤 대분수는

$\frac{59}{11} =$ 　　이다.

월   일

08

채이는 구슬 40개를 가지고 있다. 이 중에서 전체의 $\frac{1}{8}$은 형에게 주고, 전체의 $\frac{1}{5}$은 친구에게 주었다. 채이가 형과 친구에게 주고 남은 구슬의 $\frac{2}{9}$를 다시 형에게 더 주었다면 형이 받은 구슬은 모두 몇 개인지 구하시오.

답 (   )개

[보기]　　6　8　11

40의 $\frac{1}{8}$은 5이고,

40의 $\frac{1}{5}$은  이므로

형 : 5개 , 친구 : 8개의

구슬을 주었다.

남은 구슬은

$40-5-8=27$ (개) 이고

27의 $\frac{2}{9}$는  이므로

형에게 6개 더 주었다.

형이 받은 구슬은 모두

$5+6=$  (개) 이다.

6주차

5 들이와 무게

이번 단원에서 학습할 내용!
들이의 비교
들이의 단위
들이의 덧셈과 뺄셈
무게의 비교
무게의 단위
무게의 덧셈과 뺄셈

01

1부터 9까지의 수 중에서 □ 안에 들어갈 수 있는 수는 모두 몇 개인지 구하시오.

$$7\text{L } 580\text{mL} < 7\square00\text{mL}$$

답 (   )개

[보기]　　4　6　7580

7L 580mL = ☐☐☐☐ mL

7580mL < 7☐00mL

□ 안에 들어갈 수 있는 수 :

☐, 7, 8, 9 → ☐ 개

월 ___ 일 ___

02 무게가 가장 무거운 것과 가장 가벼운 것의 합은 몇 **kg** 몇 **g**인지 구하시오.

5kg 490g	3800g
4600g	5kg 700g

답 (   )kg (   )g

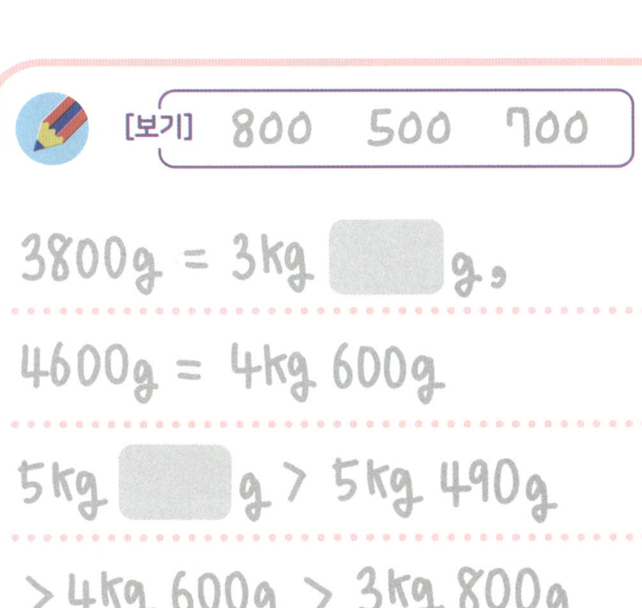

[보기] 800 500 700

3800g = 3kg ▢ g,

4600g = 4kg 600g

5kg ▢ g > 5kg 490g

> 4kg 600g > 3kg 800g

무게가 가장 무거운 것:

5kg 700g

무게가 가장 가벼운 것:

3kg 800g

5kg 700g + 3kg 800g

= 9kg ▢ g

7주차

167

03 윤서는 1L 400mL짜리 주스를 사서 동생 3명에게 150mL씩 나누어 주었다. 남은 주스는 몇 mL인지 구하시오.

답 (   )mL

[보기] 450   150   950

동생 3명에게 나누어 준

주스의 양

= [   ] × 3

= 450 (mL)

남은 주스의 양

= 1L 400mL − [   ]mL

= [   ] mL

04

준서의 몸무게는 37kg 200g이고, 도희의 몸무게는 준서보다 1kg 300g 더 가볍다. 준서와 도희의 몸무게의 합은 몇 kg 몇 g인지 구하시오.

답 (   )kg (   )g

[보기]   73   35   37

도희의 몸무게

= 37 kg 200g − 1kg 300g

= [   ] kg 900g

준서와 도희의 몸무게의 합

= [   ] kg 200g + 35kg 900g

= [   ] kg 100g

05 물병에 물이 3L 200mL 들어 있다. 그중에서 700mL를 마시고 다시 1L 800mL의 물을 넣었다면 물병에 들어 있는 물은 모두 몇 mL인지 구하시오.

답 (   )mL

[보기]　300　500　4300

마시고 남은 물의 양

= 3L 200mL - 700mL

= 2L ▢ mL

다시 물을 넣은 후

물병에 들어 있는 물의 양

= 2L 500mL + 1L 800mL

= 4L ▢ mL

= ▢ mL

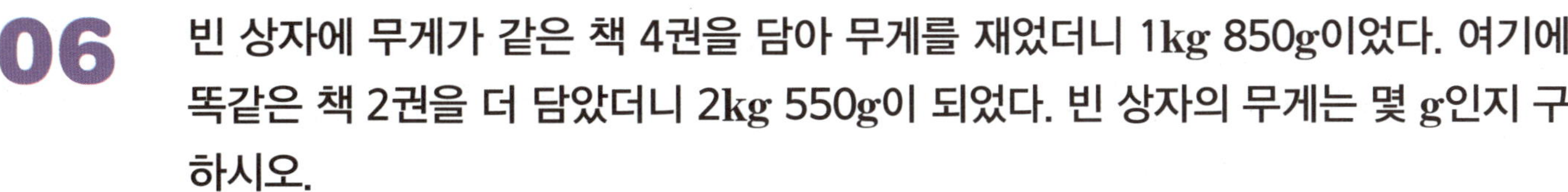

06 빈 상자에 무게가 같은 책 4권을 담아 무게를 재었더니 1kg 850g이었다. 여기에 똑같은 책 2권을 더 담았더니 2kg 550g이 되었다. 빈 상자의 무게는 몇 g인지 구하시오.

답 (   )g

 [보기] 400   700   450

책 2권의 무게

= 2kg 550g − 1kg 850g

=  g

책 4권의 무게

= 700g + 700g

= 1kg ⬜ g

빈 상자의 무게

= 1kg 850g − 1kg 400g

= ⬜ g

07 들이가 11L인 빈 수조에 들이가 400mL인 통으로 물을 가득 담아 8번 붓고, 1370mL의 물을 더 부었다. 이 수조를 가득 채우려면 몇 L 몇 mL의 물을 더 부어야 하는지 구하시오.

답 (   )L (   )mL

[보기]   4   8   6

통으로 부은 물의 양

= 400 × ☐ = 3200(mL)

1370mL의 물을 더 부은 후

수조에 들어 있는 물의 양

= 3200mL + 1370mL

= 3L 200mL + 1L 370mL

= ☐ L 570mL

더 부어야 하는 물의 양

= 11L − 4L 570mL

= ☐ L 430mL

08 자두 1개의 무게가 180g일 때, 딸기 1개의 무게는 몇 g인지 구하시오. (단, 같은 종류의 과일끼리는 1개의 무게가 같다.)

답 (   )g

[보기]　　　2　　5　　96

사과 5개의 무게

= 자두 4개의 무게

= 180 × 4 = 720 (g)

사과 1개의 무게

= 720 ÷ ▢ = 144 (g)

딸기 3개의 무게

= 사과 2개의 무게

= 144 × ▢ = 288 (g)

딸기 1개의 무게

= 288 ÷ 3 = ▢ (g)

09 은지와 설아가 딴 포도의 무게를 모두 더하면 35kg이다. 설아가 딴 포도의 무게는 은지가 딴 포도의 무게보다 7kg 더 무거울 때, 은지가 딴 포도의 무게는 몇 kg 인지 구하시오.

답 ( )kg

[보기] 2 14 7

은지가 딴 포도의 무게를

□kg이라 하면

설아가 딴 포도의 무게는

(□ + 　) kg이다.

□ + (□ + 7) = 35

□ + □ = 35 − 7

　　　 = 28

□ = 28 ÷ 　

　 = 14

은지가 딴 포도의 무게 :

 kg

10 물이 1분에 1L 300mL씩 나오는 수도로 1분에 550mL씩 물이 새는 빈 항아리에 물을 받으려고 한다. 항아리에 물을 가득 채우는 데 7분이 걸렸다면 항아리의 들이는 몇 L 몇 mL인지 구하시오.

답 (   )L (   )mL

[보기]   7   250   750

1분 동안 채우는 물의 양

= 1L 300mL − 550mL

= [ ] mL

7분 동안 채운 물의 양

= 750 × [ ]

= 5250 (mL)

= 5L [ ] mL

STEP 1 심화

11 세 공장에서 생산한 공책을 모두 운반하려면 6t까지 운반할 수 있는 트럭이 적어도 몇 대 필요한지 구하시오.

공책 생산량

공장	가	나	다
생산량(kg)	6300	4240	4460

답 (　　　　　)대

[보기] 2 3 15

세 공장의 공책 생산량은

$6300 + 4240 + 4460$

$= 15000 \ (kg)$ 이므로

모두 　　 t이다.

$15 \div 6 = 2 \cdots 3$ 이므로

공책을 6t씩 트럭 　　 대에

운반하면 3t이 남는다.

남는 3t도 운반해야 하므로

필요한 트럭은 적어도

$2 + 1 = $ 　　 (대)이다.

12 저울에 30g짜리 추 8개, 50g짜리 추 6개, 100g짜리 추 몇 개를 올려놓고 무게를 재었더니 1kg 240g이었다. 100g짜리 추를 몇 개 올려놓은 것인지 구하시오.

답 (   )개

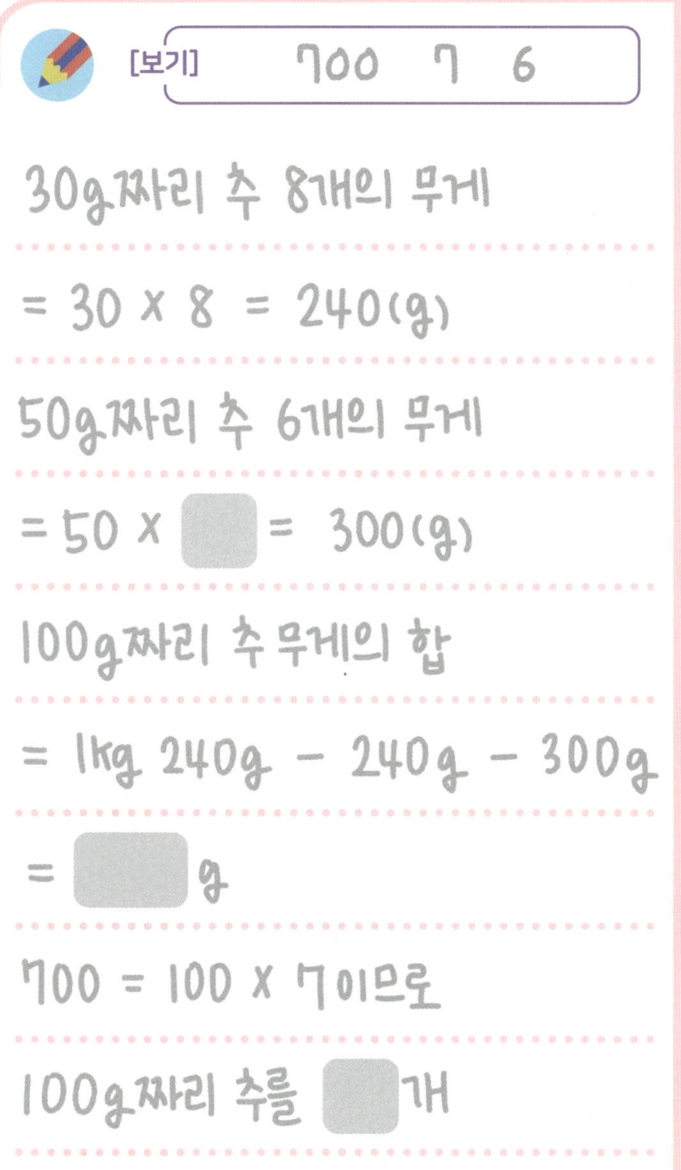

13 ㉠, ㉡, ㉢, ㉣ 4개의 병이 있고 ㉠에는 3L 470mL의 우유가 들어 있다. ㉡에는 ㉠보다 630mL 더 많이, ㉢보다 400mL 더 많이 들어 있다. ㉣에는 ㉡과 ㉢에 들어 있는 우유의 양의 합보다 900mL 더 적게 들어 있다. ㉣에 들어 있는 우유의 양은 몇 L 몇 mL인지 구하시오.

답 (   )L (   )mL

[보기] 900 100 400

㉡에 들어 있는 우유의 양

= 3L 470mL + 630mL

= 4L ☐ mL

㉢에 들어 있는 우유의 양

= 4L 100mL − ☐ mL

= 3L 700mL

㉣에 들어 있는 우유의 양

= 4L 100mL + 3L 700mL

  − 900mL

= 6L ☐ mL

14 보배, 지우, 유주가 함께 저울에 올라가 몸무게를 재어 보니 93kg 900g이고, 보배와 지우가 함께 저울에 올라가 몸무게를 재어 보니 64kg 500g이었다. 유주의 몸무게가 보배의 몸무게보다 4kg 300g 더 가벼울 때, 보배의 몸무게는 몇 kg 몇 g인지 구하시오.

답 (   )kg (   )g

[보기]　　29　33　64

보배 + 지우 + 유주의 몸무게

= 93kg 900g

보배 + 지우의 몸무게

= 64kg 500g

유주의 몸무게

= 93kg 900g − ◻◻kg 500g

= 29kg 400g

보배의 몸무게

= ◻◻kg 400g + 4kg 300g

= ◻◻kg 700g

179

01 수박이 파인애플보다 더 무거울 때 1부터 9까지의 수 중에서 □ 안에 들어갈 수 있는 수는 모두 몇 개인지 구하시오.

파인애플	수박
1□00g	1kg 430g

답 (　　　　　)개

[보기]　　1　　4　　1430

1kg 430g = ☐ g

1□00g < 1430g

□ 안에 들어갈 수 있는 수:

☐, 2, 3, 4 → ☐ 개

월 일

7주차

02 들이가 가장 많은 것과 가장 적은 것의 차는 몇 **mL**인지 구하시오.

> 6600mL　　7L 500mL
> 6L 900mL　7200mL

답 (　　　　　)mL

[보기] 900　6900　6600

7L 500mL = 7500mL,

6L 900mL = [　　] mL

7500mL > 7200mL

> 6900mL > [　　] mL

들이가 가장 많은 것:

7500mL

들이가 가장 적은 것:

6600mL

7500mL - 6600mL

= [　] mL

03 현지는 1L 300mL짜리 우유를 사서 친구 4명에게 150mL씩 나누어 주었다. 남은 우유는 몇 mL인지 구하시오.

답 (   )mL

[보기]　700　600　150

친구 4명에게 나누어 준

우유의 양

= ☐ × 4

= 600 (mL)

남은 우유의 양

= 1L 300mL − ☐ mL

= ☐ mL

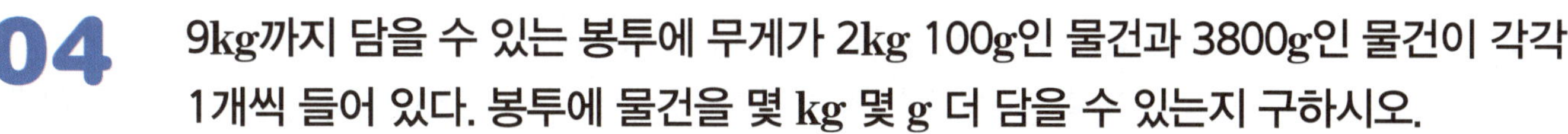

월   일

7주차

04

9kg까지 담을 수 있는 봉투에 무게가 2kg 100g인 물건과 3800g인 물건이 각각 1개씩 들어 있다. 봉투에 물건을 몇 kg 몇 g 더 담을 수 있는지 구하시오.

답 (   )kg (   )g

[보기]   100   800   900

봉투에 들어 있는 물건의 무게

=2kg 100g + 3800g

=2kg 100g + 3kg ⬜ g

=5kg ⬜ g

봉투에 더 담을 수 있는

물건의 무게

=9kg − 5kg 900g

=3kg ⬜ g

05 병에 음료수가 2L 300mL 들어 있다. 그중에서 800mL를 마시고 다시 1L 600mL의 음료수를 넣었다면 병에 들어 있는 음료수는 모두 몇 mL인지 구하시오.

답 (　　　　　　)mL

[보기]　100　500　3100

마시고 남은 음료수의 양

= 2L 300mL − 800mL

= 1L 　　　 mL

다시 음료수를 넣은 후

병에 들어 있는 음료수의 양

= 1L 500mL + 1L 600mL

= 3L 　　　 mL

= 　　　 mL

06

빈 상자에 무게가 같은 멜론 6개를 담아 무게를 재었더니 3kg 200g이었다. 여기에서 멜론 3개를 덜어 내니 무게가 2kg이 되었다. 빈 상자의 무게는 몇 g인지 구하시오.

답 (   )g

07 1L 300mL의 물이 들어 있는 수조에 들이가 400mL인 통으로 물을 가득 담아 7번 붓고, 들이가 350mL인 통으로 물을 가득 담아 2번 부었다. 수조에 들어 있는 물은 모두 몇 L 몇 mL인지 구하시오.

답 (   )L (   )mL

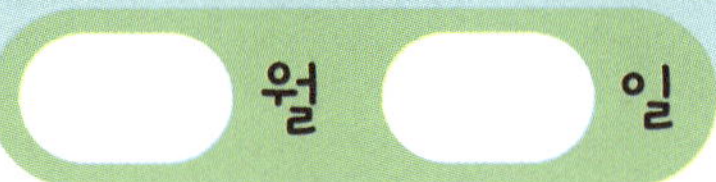

[보기] 350 800 4

400mL인 통으로 7번

부은 물의 양

$= 400 \times 7 = 2800 \,(mL)$

$= 2L \;\boxed{}\; mL$

350mL인 통으로 2번

부은 물의 양

$= \boxed{} \times 2 = 700 \,(mL)$

수조에 들어 있는 물의 양

$= 1L\ 300mL + 2L\ 800mL$

$+ 700mL$

$= \boxed{} L\ 800mL$

월   일

08

당근 1개의 무게가 210g일 때, 가지 1개의 무게는 몇 g인지 구하시오. (단, 같은
종류의 채소끼리는 1개의 무게가 같다.)

답 (   )g

[보기]   175   5   2

오이 3개의 무게

= 당근 2개의 무게

= 210 × ⬜ = 420 (g)

오이 1개의 무게

= 420 ÷ 3 = 140 (g)

가지 4개의 무게

= 오이 5개의 무게

= 140 × ⬜ = 700 (g)

가지 1개의 무게

= 700 ÷ 4 = ⬜ (g)

09 연주와 은혜가 캔 감자의 무게를 모두 더하면 40kg이다. 연주가 캔 감자의 무게는 은혜가 캔 감자의 무게보다 6kg 더 가벼울 때, 은혜가 캔 감자의 무게는 몇 kg인지 구하시오.

답 (   )kg

[보기]　　23　6　46

은혜가 캔 감자의 무게를

□kg이라 하면

연주가 캔 감자의 무게는

(□-   )kg이다.

□+(□-6)=40

□+□=40+6

　　　=46

□=   ÷2

　=23

은혜가 캔 감자의 무게:

　kg

월 일

10 물이 1초에 450mL씩 나오는 수도로 1초에 70mL씩 물이 새는 빈 항아리에 물을 받으려고 한다. 항아리에 물을 가득 채우는 데 9초가 걸렸다면 항아리의 들이는 몇 L 몇 mL인지 구하시오.

답 ( )L ( )mL

[보기]　　　3　9　380

1초 동안 채우는 물의 양

$=450mL-70mL$

$=$ ▢ mL

9초 동안 채운 물의 양

$=380\times$ ▢

$=3420(mL)$

$=$ ▢ $L\ 420mL$

STEP 2 심화

월 일

11 세 공장에서 생산한 연필을 모두 운반하려면 2t까지 운반할 수 있는 트럭이 적어도 몇 대 필요한지 구하시오.

연필 생산량

공장	가	나	다
생산량(kg)	3200	3450	4350

답 (　　　　　)대

[보기]　　1　6　11

세 공장의 연필 생산량은

$3200+3450+4350$

$=11000\,(kg)$ 이므로

모두 ▢ t 이다.

$11 \div 2 = 5 \cdots 1$ 이므로

연필을 2t씩 트럭 5대에

운반하면 ▢ t이 남는다.

남는 1t도 운반해야 하므로

필요한 트럭은 적어도

$5+1 = ▢$ (대) 이다.

12 저울에 30g짜리 추 몇 개, 50g짜리 추 7개, 100g짜리 추 5개를 올려놓고 무게를
재었더니 1kg 120g이었다. 30g짜리 추를 몇 개 올려놓은 것인지 구하시오.

답 (   )개

[보기]   9   270   350

50g짜리 추 7개의 무게

= 50 × 7 = 350 (g)

100g짜리 추 5개의 무게

= 100 × 5 = 500 (g)

30g짜리 추 무게의 합

= 1kg 120g − ☐ g − 500g

= ☐ g

270 = 30 × 9 이므로

30g짜리 추를 ☐ 개

올려놓았다.

월   일

13 ㉠, ㉡, ㉢, ㉣ 4개의 병이 있고 ㉣에는 2L 350mL의 주스가 들어 있다. ㉢에는 ㉣보다 470mL 더 적게, ㉡보다 900mL 더 많이 들어 있다. ㉠에는 ㉡과 ㉢에 들어 있는 주스의 양의 합보다 600mL 더 많이 들어 있다. ㉠에 들어 있는 주스의 양은 몇 L 몇 mL인지 구하시오.

답 (   )L (   )mL

[보기]   460   900   880

㉢에 들어 있는 주스의 양
= 2L 350mL − 470mL
= 1L ☐ mL

㉡에 들어 있는 주스의 양
= 1L 880mL − ☐ mL
= 980mL

㉠에 들어 있는 주스의 양
= 980mL + 1L 880mL
+ 600mL
= 3L ☐ mL

14 인수, 지호, 유라가 함께 저울에 올라가 몸무게를 재어 보니 91kg 400g이고, 인수와 지호가 함께 저울에 올라가 몸무게를 재어 보니 58kg 700g이었다. 유라의 몸무게가 지호의 몸무게보다 2kg 800g 더 무거울 때, 지호의 몸무게는 몇 kg 몇 g인지 구하시오.

답 (   )kg (   )g

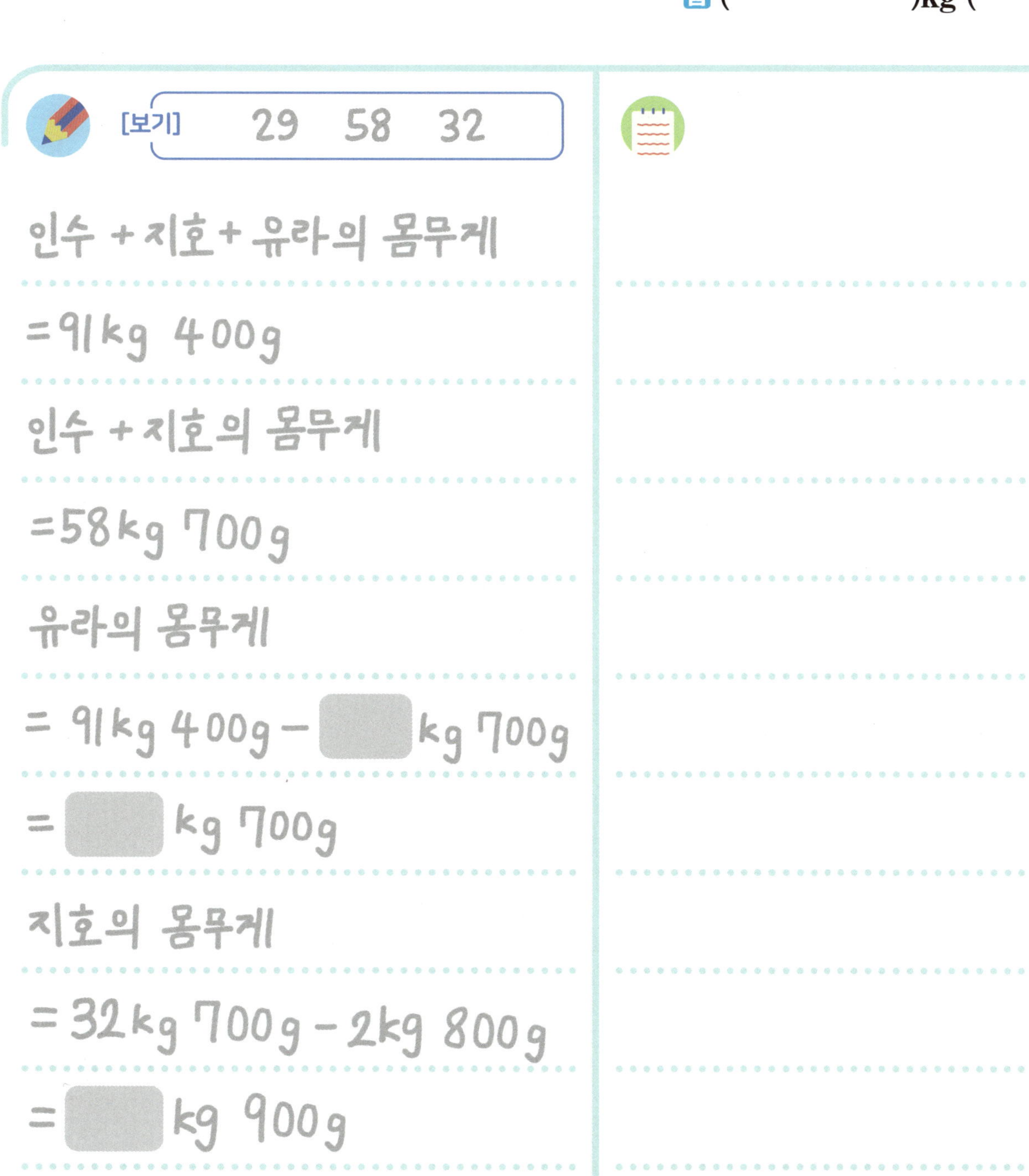

01 들이가 가장 많은 것과 가장 적은 것의 합은 몇 L 몇 mL인지 구하시오.

> 2L 700mL   2500mL
> 6100mL   6L 800mL

답 (   )L (   )mL

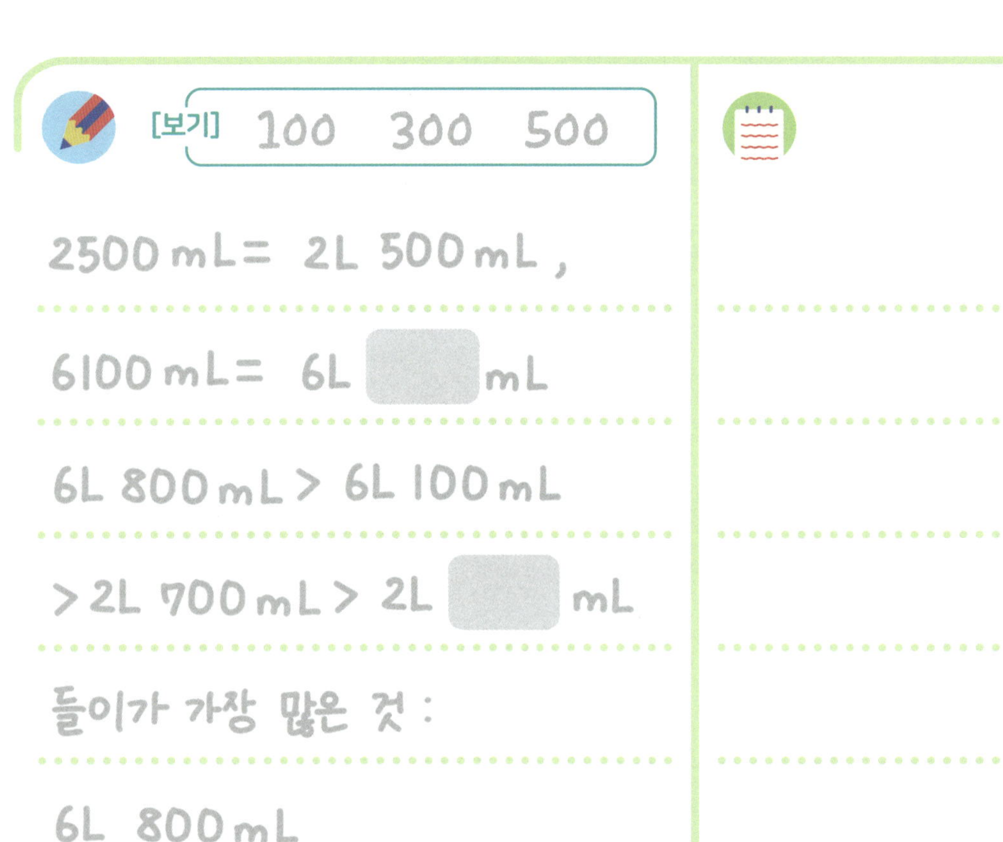

[보기]   100   300   500

2500mL = 2L 500mL ,

6100mL = 6L [ ]mL

6L 800mL > 6L 100mL

> 2L 700mL > 2L [ ]mL

들이가 가장 많은 것 :

6L 800mL

들이가 가장 적은 것 :

2L 500mL

6L 800mL + 2L 500mL

= 9L [ ]mL

월   일

02

음료수 3L를 학생 7명에게 200mL씩 나누어 주었다. 남은 음료수의 양은 몇 L 몇 mL인지 구하시오.

답 (   )L (   )mL

[보기] 600   200   400

학생 7명에게 나누어 준

음료수의 양

= [　] × 7

= 1400 (mL)

= 1L [　] mL

남은 음료수의 양

= 3L − 1L 400 mL

= 1L [　] mL

03 예주의 몸무게는 34kg 200g이고, 고양이의 무게는 예주보다 31kg 300g 더 가볍다. 예주가 고양이를 안고 저울에 올라가면 몇 kg 몇 g이 되는지 구하시오.

답 (   )kg (   )g

[보기]   37   2   34

고양이의 무게

= 34 kg 200g − 31 kg 300g

=   kg 900g

예주가 고양이를 안고

저울에 올라간 무게

=   kg 200g + 2kg 900g

=   kg 100g

04 물병에 물이 2L 300mL 있었다. 이 중에서 채이가 900mL를 마셨고, 단우는 채이보다 300mL 더 적게 마셨다. 두 사람이 마시고 남은 물은 몇 **mL**인지 구하시오.

답 (   )mL

[보기]   600   300   800

단우가 마신 물의 양

= 900 mL − ▭ mL

= 600 mL

채이와 단우가 마신

물의 양

= 900 mL + ▭ mL

= 1L 500 mL

두 사람이 마시고 남은

물의 양

= 2L 300 mL − 1L 500 mL

= ▭ mL

STEP 3

월   일

05 우리 조상들이 쓰던 들이의 단위인 '한 되'는 약 1L 800mL이고, '한 홉'은 약 180mL이다. 2되 3홉은 약 몇 L 몇 mL인지 구하시오.

답 약 (   )L (   )mL

[보기] 140   180   600

2 되는 약

1L 800mL + 1L 800mL

= 3L ▭ mL이고,

3 홉은 약

▭ × 3 = 540 (mL) 이다.

2 되 3 홉은 약

3L 600mL + 540mL

= 4L ▭ mL 이다.

06

빈 상자에 무게가 같은 수박 3개를 담아 무게를 재었더니 3kg 100g이었다. 여기에서 수박 2개를 덜어 내니 무게가 1kg 300g이 되었다. 빈 상자의 무게는 몇 g인지 구하시오.

답 (   )g

8주차

 [보기]   400   800   900

수박 2개의 무게

= 3kg 100g − 1kg 300g

= 1kg ☐ g

= 1800g

1800g = 900g + 900g 이므로

수박 1개의 무게

= ☐ g

빈 상자의 무게

= 1kg 300g − 900g

= ☐ g

07 고구마 7개는 감자 6개와 무게가 같고, 감자 3개는 호박 1개와 무게가 같다. 고구마 1개의 무게가 34g일 때, 호박 1개의 무게는 몇 g인지 구하시오. (단, 같은 채소끼리는 무게가 같다.)

답 (   )g

[보기]　2　119　34

감자 6개의 무게

= 고구마 7개의 무게

= ▢ × 7

= 238 (g)

호박 1개의 무게

= 감자 3개의 무게

= 238 ÷ ▢

= ▢ (g)

08

수조에 34L의 물이 들어 있다. 월요일에는 7L 650mL를 사용하고, 화요일에는 8L 540mL를 사용했다. 수요일과 목요일에는 똑같은 양을 사용하였더니 수조에 남은 물은 9L 810mL이었다. 목요일에 사용한 물의 양은 몇 L인지 구하시오.

답 (   )L

[보기]   4   9   26

수요일과 목요일에 사용한

물의 양을 각각 ☐라 하면

7L 650mL + 8L 540mL

+ ☐ + ☐ + ☐ L 810mL

= 34L

☐ + ☐ + ☐ L = 34L

☐ + ☐ = 34L − 26L

      = 8L

☐ = 8 ÷ 2 = 4(L)

목요일에 사용한 물의 양 :

☐ L

6 그림그래프

이번 단원에서 학습할 내용!
그림그래프
그림그래프의 내용 알아보기
그림그래프로 나타내기

01 가게별로 팔린 사탕 수를 조사하여 나타낸 그림그래프이다. 네 가게에서 팔린 사탕이 모두 113개일 때, ㉣ 가게에서 팔린 사탕은 몇 개인지 구하시오.

가게별 팔린 사탕 수

가게	사탕 수
㉠	
㉡	
㉢	
㉣	

10개

1개

답 (   )개

[보기]　　24　　32　　41

㉠ 가게 : 41개

㉡ 가게 : 16개

㉢ 가게 : ☐ 개

㉣ 가게 :

113 - ☐ - 16 - 24

= ☐ (개)

02 과수원별 복숭아 생산량을 조사하여 나타낸 그림그래프이다. 생산량이 가장 많은 과수원과 가장 적은 과수원의 복숭아 생산량의 차는 몇 **kg**인지 구하시오.

과수원별 복숭아 생산량

과수원	복숭아 생산량
㉠	
㉡	
㉢	
㉣	

100kg

10kg

답 (　　　　　　　　)kg

[보기]　　　250　　㉡　　㉢

생산량이 가장 많은

과수원은 ▨ 과수원으로

410kg 생산했다.

생산량이 가장 적은

과수원은 ▨ 과수원으로

160 kg 생산했다.

410 - 160 = ▨ (kg)

205

03

어느 쿠키 가게에서 하루 동안 팔린 쿠키 수를 조사하여 나타낸 그림그래프이다. 하루 동안 팔린 쿠키가 100개가 되려면 쿠키를 몇 개 더 팔아야 하는지 구하시오.

하루 동안 팔린 종류별 쿠키 수

종류	쿠키 수
초코 쿠키	
호두 쿠키	
치즈 쿠키	
버터 쿠키	

10개
1개

답 (   )개

[보기]   15   16   23

초코 쿠키 : 14개, 호두 쿠키 : 32개,

치즈 쿠키 : 15개, 버터 쿠키 :   개

하루 동안 팔린 쿠키의 수

= 14 + 32 +   + 23

= 84 (개)

더 팔아야 하는 쿠키의 수

= 100 - 84

=   (개)

04 어느 가게의 요일별 팔린 풍선 수를 조사하여 나타낸 그림그래프이다. 풍선 한 개를 50원에 팔았다면 풍선이 가장 많이 팔린 요일의 풍선 판매액은 얼마인지 구하시오.

요일별 팔린 풍선 수

요일	풍선 수
월	
화	
수	
목	

10개

1개

답 (   )원

[보기]   50   2050   41

풍선이 가장 많이 팔린

요일은 목요일이고

□개 팔렸다.

목요일의 풍선 판매액

= 41 × □

= □ (원)

05 나무별 감 생산량을 조사하여 나타낸 그림그래프이다. 생산량이 가장 많은 나무보다 260kg 더 적은 나무는 어느 나무인지 구하시오.

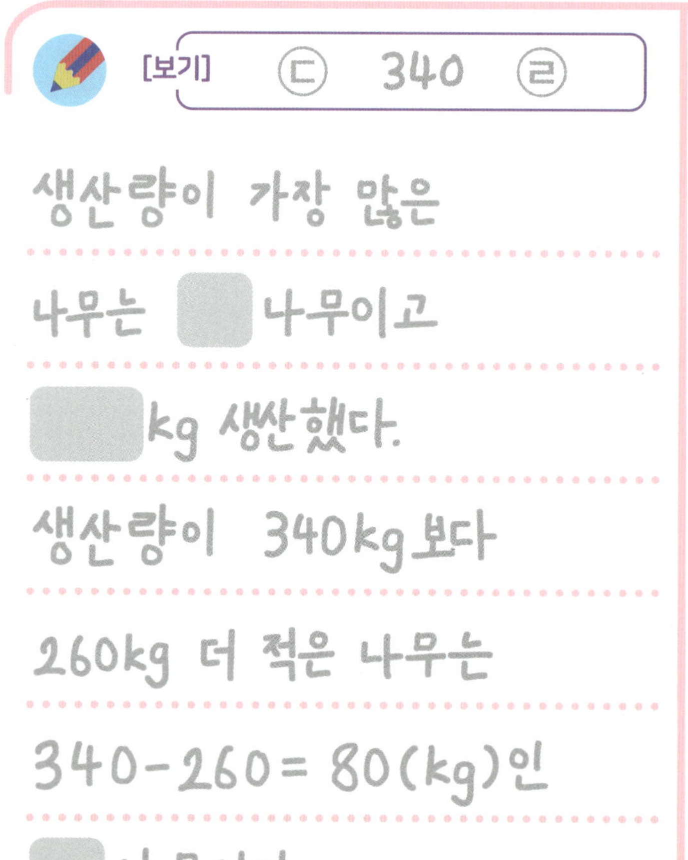

나무별 감 생산량

나무	감 생산량
㉠	
㉡	
㉢	
㉣	

100kg

10kg

답 (   )나무

[보기]   ㉢   340   ㉣

생산량이 가장 많은 나무는 ▢나무이고 ▢kg 생산했다.

생산량이 340kg보다 260kg 더 적은 나무는 340−260=80(kg)인 ▢나무이다.

월 　　 일

06

월별 도서관 이용객 수를 조사하여 나타낸 그림그래프이다. 1월의 도서관 이용객이 230명이라면 1월부터 3월까지의 도서관 이용객은 모두 몇 명인지 구하시오. (단, ◎이 나타내는 수는 ○이 나타내는 수의 10배이다.)

월별 도서관 이용객 수

월	도서관 이용객 수
1월	◎◎○○○
2월	◎◎◎◎○
3월	◎◎◎○○○○

답 (　　　　　)명

[보기]　980　340　10

1월의 도서관 이용객인

230명을 ◎ 2개와

○ 3개로 나타냈으므로

◎은 100명, ○은 [　] 명을

나타낸다.

2월 : 410명, 3월 : [　] 명

230 + 410 + 340

= [　] (명)

07 농장별 감자 생산량을 조사하여 나타낸 그림그래프이다. 감자를 모두 모아 한 상자에 5kg씩 담으려면 필요한 상자는 몇 개인지 구하시오.

농장별 감자 생산량

농장	감자 생산량
㉠	
㉡	
㉢	
㉣	

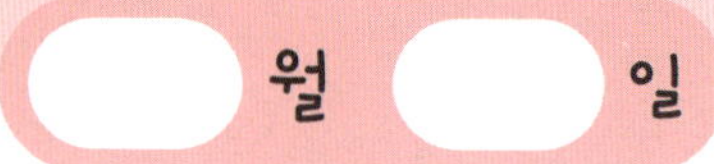

10kg

1kg

답 (   )개

[보기]   19   95   34

㉠농장 : 14 kg, ㉡농장 : 7 kg,

㉢농장 :   kg, ㉣농장 : 40 kg

전체 감자 생산량

= 14+7+34+40

= 95 (kg)

필요한 상자의 수

=   ÷5

=   (개)

08

어느 김밥 가게에서 하루 동안 팔린 김밥 수를 조사하여 나타낸 그림그래프이다. 하루 동안 팔린 김밥은 모두 93줄이고, 치즈김밥은 김치김밥보다 3줄 더 많이 팔렸다. 하루 동안 팔린 김치김밥은 몇 줄인지 구하시오.

하루 동안 팔린 종류별 김밥 수

종류	김밥 수
참치김밥	
치즈김밥	
김치김밥	

10줄

1줄

답 (   )줄

[보기]　　35　　3　　29

참치김밥 : 32줄

하루 동안 팔린 김치김밥을

□ 줄이라 하면

치즈김밥은 (□+□) 줄이다.

32+(□+3)+□=93

□+□+35=93

□+□=93-□=58

□=58÷2=29

김치김밥 : □ 줄

211

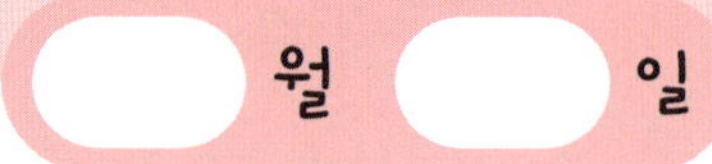

09 다희네 모둠 학생들이 8월과 9월에 먹은 초콜릿 수를 조사하여 나타낸 그림그래프이다. 8월보다 9월에 먹은 초콜릿 수가 가장 많이 늘어난 사람은 몇 개가 늘어났는지 구하시오.

8월에 먹은 초콜릿 수

이름	초콜릿 수
다희	
현서	
윤지	

■ 10개
■ 1개

9월에 먹은 초콜릿 수

이름	초콜릿 수
다희	
현서	
윤지	

■ 10개
■ 1개

답 ( )개

[보기] 7 24 15

학생들이 8월과 9월에 먹은

초콜릿 수의 차를 구하면

다희 : 23 − 16 = 7 (개)

현서 : 30 − ⬜ = 6 (개)

윤지 : ⬜ − 12 = 3 (개)

초콜릿 수가 가장 많이

늘어난 사람은 다희이고

⬜개 늘어났다.

월   일

10 준호네 집에 있는 종류별 책의 수를 조사하여 나타낸 그림그래프이다. 동화책 수는 그림책 수의 $\frac{1}{2}$이고, 역사책 수는 동화책 수의 $\frac{3}{5}$이다. 준호네 집에 있는 책은 모두 60권일 때, 영어책은 몇 권인지 구하시오.

종류별 책의 수

종류	그림책	동화책	역사책	영어책
책 수				

10권
1권

답 (   )권

 [보기]   6   24   10

그림책 : 20권

동화책 : 20권의 $\frac{1}{2}$ = ⬜ 권

역사책 : 10권의 $\frac{3}{5}$ = 6권

영어책 :

60 − 20 − 10 − ⬜

= ⬜ (권)

213

11 나무별 귤 생산량을 조사하여 나타낸 그림그래프이다. 귤을 모두 모아 한 상자에 8kg씩 담아서 팔려고 한다. 8kg짜리 한 상자는 10000원, 상자에 넣고 남은 귤은 1kg에 2000원씩 받아 모두 팔았다면 판매 금액은 얼마인지 구하시오.

나무별 귤 생산량

나무	귤 생산량
㉠	
㉡	
㉢	

🍊 10kg
🍊 1kg

답 ( )원

 [보기] 96000 9 3

㉠ : 20 kg, ㉡ : 32 kg, ㉢ : 23 kg

20 + 32 + 23 = 75 (kg)

75 ÷ 8 = 9 … 3 이므로

귤을 8kg씩 9상자에

담으면 ▨ kg이 남는다.

판매 금액 :

10000 × ▨ = 90000 (원),

2000 × 3 = 6000 (원),

90000 + 6000 = ▨ (원)

월　일

12 공장별 밀가루 생산량을 조사하여 나타낸 그림그래프이다. ⓛ 공장의 생산량은 ⓒ 공장과 ② 공장의 생산량의 합과 같다. 네 공장의 밀가루 생산량의 합은 100t일 때, ⓛ 공장의 생산량은 몇 t인지 구하시오.

8주차

공장별 밀가루 생산량

공장	밀가루 생산량
㉠	
㉡	
㉢	
㉣	

 10t

 1t

답 (　　　　　)t

[보기]　58　23　44

㉠공장 : 12t , ㉣공장 : 23t

㉢공장의 생산량이 ☐t이면

㉡공장의 생산량은 (☐+　　)t이다.

12 + (☐+23) + ☐ + 23 = 100

☐ + ☐ + 　　　 = 100

☐ + ☐ = 100 - 58 = 42

☐ = 42 ÷ 2 = 21

㉡공장 : 21 + 23 = 　　　 (t)

13 민호네 모둠 학생들은 일정한 거리에 놓인 병에 화살을 던져서 넣은 수로 점수를 겨루는 놀이를 했다. 학생들이 병에 화살을 각각 10개씩 던져서 들어간 화살의 수를 조사하여 그림그래프로 나타내었다. 병에 화살을 넣을 때마다 8점씩 얻고 넣지 못할 때마다 5점씩 잃는다고 할 때, 점수가 가장 낮은 학생의 점수는 몇 점인지 구하시오.

민호네 모둠 학생들이 넣은 화살의 수

이름	민호	승희	진서	인태
넣은 화살의 수				

5개
1개

답 (   )점

[보기]   4   2   6

넣은 화살의 수가 가장

적은 학생은 승희이다.

승희가 넣은 화살은

4개이므로 넣지 못한 화살은

10 - ⬜ = 6 (개) 이다.

승희가 얻은 점수 : 4 × 8 = 32 (점)

승희가 잃은 점수 : ⬜ × 5 = 30 (점)

승희 점수 : 32 - 30 = ⬜ (점)

월　일

14 은지네 학교 3학년 1반과 2반 학생들이 좋아하는 음식을 조사하여 나타낸 그림그래프이다. 두 반에서 피자를 좋아하는 학생은 라면을 좋아하는 학생보다 4명 더 많을 때, 2반에서 치킨을 좋아하는 학생은 몇 명인지 구하시오.

좋아하는 음식별 학생 수
(1반 학생 21명)

음식	학생 수
피자	
치킨	
라면	

5명
1명

좋아하는 음식별 학생 수
(2반 학생 20명)

음식	학생 수
피자	
치킨	
라면	

5명
1명

답 (　　　　　)명

 [보기]　　　7　8　12

두 반에서 라면을 좋아하는

학생 수 : 7 + 5 = 12 (명)

두 반에서 피자를 좋아하는

학생 수 : 　　　 + 4 = 16 (명)

2반에서 피자를 좋아하는

학생 수 : 16 - 　　 = 8 (명)

2반에서 치킨을 좋아하는

학생 수 : 20 - 8 - 5 = 　　 (명)

217

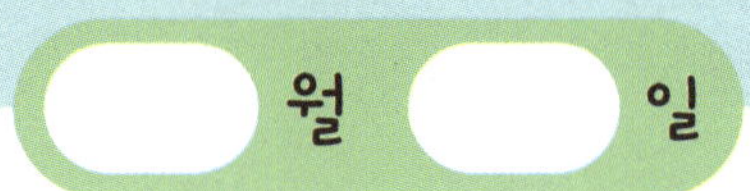

01 마을별 관광객 수를 조사하여 나타낸 그림그래프이다. 전체 관광객이 모두 1240명일 때, 유채 마을의 관광객은 몇 명인지 구하시오.

마을별 관광객 수

마을	관광객 수
장미	
유채	
모란	
튤립	

 100명

 10명

답 (   )명

[보기]   100   510   370

장미 마을 : 260명

모란 마을 : ☐ 명

튤립 마을 : 370명

유채 마을 :

1240 − 260 − 510 − ☐

= ☐ (명)

02

목장별 젖소 수를 조사하여 나타낸 그림그래프이다. 젖소 수가 가장 많은 목장과 두 번째로 적은 목장의 젖소 수의 합은 몇 마리인지 구하시오.

목장별 젖소 수

목장	젖소 수
㉠	
㉡	
㉢	
㉣	 

 10마리

1마리

답 (　　　　　)마리

[보기]　㉠　94　㉣

젖소 수가 가장 많은 목장은 ▢ 목장으로 61 마리이다.

젖소 수가 두 번째로 적은 목장은 ▢ 목장으로 33 마리이다.

61+33 = ▢ (마리)

03

민지네 마을에 있는 나무 수를 조사하여 나타낸 그림그래프이다. 민지네 마을에 있는 나무가 1000그루가 되려면 나무를 몇 그루 더 심어야 하는지 구하시오.

종류별 나무 수

종류	나무 수
밤나무	🌳🌳 🌲🌲🌲🌲🌲
소나무	🌳🌳🌳 🌲
참나무	🌳 🌲🌲
벚나무	🌳🌳 🌲🌲🌲🌲🌲🌲

 100그루

🌲 10그루

답 (   )그루

[보기] 260 940 60

밤나무 : 250그루, 소나무 : 310그루,

참나무 : 120그루, 벚나무 : ▢그루

민지네 마을에 있는 나무 수

= 250 + 310 + 120 + 260

= 940 (그루)

더 심어야 하는 나무 수

= 1000 − ▢

= ▢ (그루)

월　일

04 어느 가게의 요일별 팔린 도화지 수를 조사하여 나타낸 그림그래프이다. 도화지 한 장을 40원에 팔았다면 도화지가 가장 적게 팔린 요일의 도화지 판매액은 얼마인지 구하시오.

요일별 팔린 도화지 수

요일	도화지 수
월	□ □ □ ▫ ▫
화	□ □ □ □ ▫ ▫
수	□ ▫ ▫ ▫ ▫ ▫ ▫
목	□ □ ▫ ▫ ▫ ▫

□ 10장
▫ 1장

답 (　　　　　)원

[보기]　40　17　680

도화지가 가장 적게 팔린

요일은 수요일이고

　　　장 팔렸다.

수요일의 도화지 판매액

= 17 ×

= 　　　(원)

05 어느 자동차 회사의 월별 자동차 판매량을 조사하여 나타낸 그림그래프이다. 판매량이 가장 적은 달보다 130대 더 많은 달은 몇 월인지 구하시오.

월별 자동차 판매량

월	자동차 판매량
6월	
7월	
8월	
9월	

 100대

🚗 10대

답 (   )월

[보기]　　7　8　210 

판매량이 가장 적은

달은 ☐월이고

210대 판매했다.

판매량이 ☐대보다

130대 더 많은 달은

210 + 130 = 340 (대)인

☐월이다.

06 재아네 학교 3학년 학생들이 좋아하는 동물을 조사하여 나타낸 그림그래프이다. 사자를 좋아하는 학생 수가 17명이라면 기린을 좋아하는 학생은 코끼리를 좋아하는 학생보다 몇 명이 더 많은지 구하시오. (단, ◎이 나타내는 수는 ○이 나타내는 수의 10배이다.)

좋아하는 동물별 학생 수

동물	학생 수
코끼리	◎◎○○○○○
원숭이	◎◎◎◎
사자	◎○○○○○○○
기린	◎◎◎○

답 (   )명

[보기]   6   31   10

사자를 좋아하는 학생 수인

17명을  1개와

○ 7개로 나타냈으므로

◎은 [   ]명, ○은 1명을

나타낸다.

기린 : [   ]명

코끼리 : 25명

31 - 25 = [   ] (명)

STEP 2 응용

07 목장별 우유 생산량을 조사하여 나타낸 그림그래프이다. 우유를 모두 모아 한 통에 3kg씩 담으려면 필요한 통은 몇 개인지 구하시오.

목장별 우유 생산량

목장	우유 생산량
은아	MILK MILK MILK MILK MILK MILK MILK
미소	MILK MILK MILK MILK MILK MILK MILK MILK
연우	MILK MILK MILK MILK MILK MILK
지희	MILK MILK MILK

 10kg
MILK 1kg

답 ( )개

 [보기] 26 105 35

은아 목장 : 34 kg

미소 목장 :   kg

연우 목장 : 15 kg

지희 목장 : 30 kg

전체 우유 생산량

= 34 + 26 + 15 + 30

= 105 (kg)

필요한 통의 수

=   ÷ 3 =   (개)

08 예주네 모둠 학생들이 12월에 읽은 책의 수를 조사하여 나타낸 그림그래프이다. 세 학생이 12월에 읽은 책은 모두 103권이고, 예주는 민서보다 5권 더 많이 읽었다. 예주가 12월에 읽은 책은 몇 권인지 구하시오.

12월에 읽은 책의 수

이름	책의 수
예주	
온유	
민서	

 10권

1권

답 (   )권

9주차

[보기]   2   42   5

온유 : 24권

민서가 12월에 읽은 책의

수를 □권이라 하면

예주는 (□ + ⬛)권이다.

(□ + 5) + 24 + □ = 103

□ + □ + 29 = 103

□ + □ = 103 − 29 = 74

□ = 74 ÷ ⬛ = 37

예주 : 37 + 5 = ⬛ (권)

월   일

09 1월과 2월의 편의점별 손님 수를 조사하여 나타낸 그림그래프이다. 1월보다 2월에 손님 수가 가장 많이 늘어난 곳은 몇 명이 늘었는지 구하시오.

1월 편의점별 손님 수

편의점	손님 수
희망	
믿음	
사랑	

2월 편의점별 손님 수

편의점	손님 수
희망	
믿음	
사랑	

100명
10명

답 (   )명

[보기]　80　200　160

1월과 2월의 편의점별

손님 수의 차를 구하면

희망 : 320 - 250 = 70(명)

믿음 : ＿ - 140 = 60(명)

사랑 : 240 - ＿ = 80(명)

손님 수가 가장 많이

늘어난 곳은 사랑 편의점이고

＿ 명 늘어났다.

월 일

10 유이네 모둠 학생들이 한 달 동안 모은 빈 병 수를 조사하여 나타낸 그림그래프이다. 유이가 모은 병은 진희가 모은 병의 $\frac{1}{2}$이고, 정아가 모은 병은 유이가 모은 병의 $\frac{2}{5}$이다. 유이네 모둠 학생들이 한 달 동안 모은 빈 병은 모두 50개일 때, 인우가 모은 빈 병은 몇 개인지 구하시오.

한 달 동안 모은 빈 병 수

이름	빈 병 수
유이	
진희	
정아	
인우	

 5개

1개

답 ( )개

[보기]　　4　　10　　16

진희 : 20 개

유이 : 20개의 $\frac{1}{2}$ = 10개

정아 : 10개의 $\frac{2}{5}$ = ▢ 개

인우 :

50 − ▢ − 20 − 4

= ▢ (개)

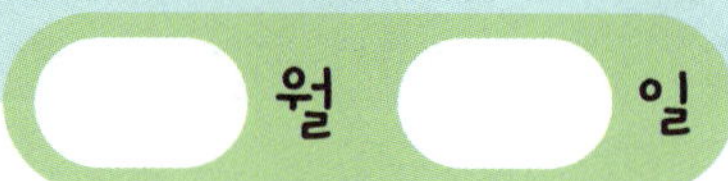

11 마을별 밤 생산량을 조사하여 나타낸 그림그래프이다. 밤을 모두 모아 한 포대에 6kg씩 담아서 팔려고 한다. 6kg짜리 한 포대는 5000원, 포대에 넣고 남은 밤은 1kg에 1000원씩 받아 모두 팔았다면 판매 금액은 얼마인지 구하시오.

마을별 밤 생산량

마을	밤 생산량
㉠	
㉡	
㉢	

10kg
1kg

답 (   )원

[보기]   2   16   82000

㉠:32kg, ㉡:26kg, ㉢:40kg

32+26+40 = 98(kg)

98÷6 = 16 ⋯ 2 이므로

밤을 6kg씩   포대에

담으면 2kg이 남는다.

판매 금액 :

5000 × 16 = 80000(원),

1000 ×   = 2000(원),

80000 + 2000 =   (원)

12 어느 가게의 월별 자전거 판매량을 조사하여 나타낸 그림그래프이다. 6월의 판매량은 4월과 5월의 판매량의 합과 같다. 이 가게의 3월부터 6월까지의 자전거 판매량의 합은 100대일 때, 6월의 판매량은 몇 대인지 구하시오.

월별 자전거 판매량

월	자전거 판매량
3월	🚲🚲🚲🚲🚲🚲🚲🚲
4월	🚲🚲🚲🚲🚲🚲🚲
5월	
6월	

🚲 10대
🚲 1대

답 (   )대

3월 : 16대, 4월 : 24대

5월 : □ 대이면

6월 : (□ + ⬜) 대이다.

$16 + 24 + □ + (□ + 24) = 100$

$□ + □ + 64 = 100$

$□ + □ = 100 - 64 = 36$

$□ = ⬜ \div 2 = 18$

6월 : $18 + 24 = ⬜$ (대)

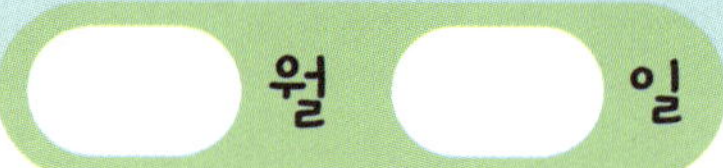

13 주호네 모둠 학생들은 일정한 거리에 놓인 병에 화살을 던져서 넣은 수로 점수를 겨루는 놀이를 했다. 학생들이 병에 화살을 각각 20개씩 던져서 들어간 화살의 수를 조사하여 그림그래프로 나타내었다. 병에 화살을 넣을 때마다 7점씩 얻고 넣지 못할 때마다 3점씩 잃는다고 할 때, 점수가 가장 높은 학생의 점수는 몇 점인지 구하시오.

주호네 모둠 학생들이 넣은 화살의 수

이름	주호	승아	진우	인서	
넣은 화살의 수					10개 1개

답 (　　　　)점

[보기]　　14　80　98

넣은 화살의 수가 가장

많은 학생은 진우이다.

진우가 넣은 화살은

　　개이므로 넣지 못한 화살은

20 − 14 = 6 (개)이다.

진우가 얻은 점수 : 14 × 7 = 　　(점)

진우가 잃은 점수 : 6 × 3 = 18(점)

진우 점수 : 98 − 18 = 　　(점)

14 지아네 학교 3학년과 4학년 학생들이 좋아하는 운동을 조사하여 나타낸 그림그래프이다. 두 학년에서 야구를 좋아하는 학생은 배구를 좋아하는 학생보다 9명 더 많을 때, 4학년에서 축구를 좋아하는 학생은 몇 명인지 구하시오.

좋아하는 운동별 학생 수
(3학년 학생 40명)

운동	학생 수
축구	
야구	
배구	

 5명
1명

좋아하는 운동별 학생 수
(4학년 학생 43명)

운동	학생 수
축구	
야구	
배구	

5명
1명

답 (   )명

[보기]   8   15   37

두 학년에서 배구를 좋아하는
학생 수 : 13 + ☐ = 28 (명)

두 학년에서 야구를 좋아하는
학생 수 : 28 + 9 = 37 (명)

4학년에서 야구를 좋아하는
학생 수 : ☐ − 17 = 20 (명)

4학년에서 축구를 좋아하는
학생 수 : 43 − 20 − 15 = ☐ (명)

월 일

01 어느 옷 가게의 월별 옷 판매량을 조사하여 나타낸 그림그래프이다. 판매량이 가장 많은 달과 가장 적은 달의 옷 판매량의 차는 몇 벌인지 구하시오.

월별 옷 판매량

월	옷 판매량
7월	
8월	
9월	
10월	

답 ( )벌

[보기]　　19　9　8

판매량이 가장 많은

달은 ▉월이고

42벌 판매했다.

판매량이 가장 적은

달은 ▉월이고

23벌 판매했다.

42 - 23 = ▉ (벌)

월 □ 일

02

어느 문구점의 요일별 팔린 지우개 수를 조사하여 나타낸 그림그래프이다. 지우개 한 개를 60원에 팔았다면 지우개가 가장 적게 팔린 요일의 지우개 판매액은 얼마인지 구하시오.

요일별 팔린 지우개 수

요일	지우개 수
월	
화	
수	
목	

🖋 10개
🖋 1개

답 (   )원

 [보기]　60　15　900

지우개가 가장 적게 팔린

요일은 화요일이고

□개가 팔렸다.

화요일의 지우개 판매액

= 15 × □

= □ (원)

03 지역별 의료 기관의 수를 조사하여 그림그래프로 나타내었다. ㉠ 지역의 의료 기관의 수가 16곳이라면 ㉣ 지역의 의료 기관의 수는 몇 곳인지 구하시오. (단, ▢이 나타내는 수는 □이 나타내는 수의 5배이다.)

지역별 의료 기관의 수

지역	의료 기관의 수
㉠	▢ ▢ ▢ □
㉡	▢ ▢ □ □ □
㉢	▢ □ □ □ □ □
㉣	▢ ▢ ▢ ▢ □ □

답 (   )곳

[보기]   1   5   22

㉠ 지역의 의료 기관의 수인

16곳을 ▢ 3개와

□ 1개로 나타냈으므로

▢은 ▨곳, □은 ▨곳을

나타낸다.

㉣ 지역 : ▨곳

04

수아네 모둠 학생들이 가지고 있는 구슬 수를 조사하여 나타낸 그림그래프이다. 구슬을 모두 모아 한 상자에 7개씩 담고 남는 구슬은 봉지에 넣으려고 한다. 봉지에 넣을 구슬은 몇 개인지 구하시오.

학생별 가지고 있는 구슬 수

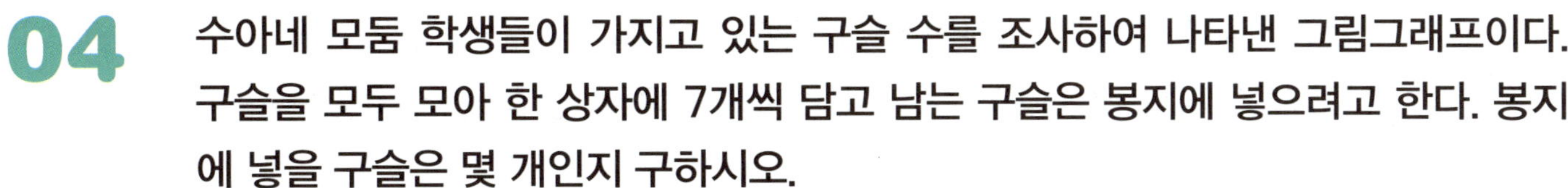

이름	구슬 수
수아	
혜지	
예나	
민우	

10개
1개

답 (   )개

[보기]   3   17   19

수아 : 35개, 혜지 : 26개,

예나 :   개, 민우 : 42개

35 + 26 + 19 + 42

= 122 (개)

122 ÷ 7 = 17 … 3 이므로

구슬을 7개씩   상자에

담으면 3개가 남는다.

봉지에 넣을 구슬 수 :   개

05 작년과 올해 마을별 쓰레기 배출량을 조사하여 나타낸 그림그래프이다. 작년보다 올해에 쓰레기 배출량이 가장 많이 줄어든 마을은 몇 톤이 줄었는지 구하시오.

작년 마을별 쓰레기 배출량

마을	쓰레기 배출량
가락	
머래	
한뜰	

 100톤

10톤

올해 마을별 쓰레기 배출량

마을	쓰레기 배출량
가락	
머래	
한뜰	

 100톤

10톤

답 (   )톤

[보기]   70   420   270

작년과 올해 마을별

쓰레기 배출량의 차를

구하면

가락 : 430 − 360 = 70 (톤)

머래 : 320 −   = 50 (톤)

한뜰 :   − 360 = 60 (톤)

쓰레기 배출량이 가장 많이

줄어든 곳은 가락 마을이고

        톤 줄었다.

06 목장별 기르고 있는 소의 수를 조사하여 나타낸 그림그래프이다. 용문 목장에서 기르고 있는 소는 서종 목장에서 기르는 소의 2배이고, 네 목장에서 기르고 있는 소의 수는 모두 80마리이다. 서종 목장에서 기르고 있는 소는 몇 마리인지 구하시오.

목장별 기르고 있는 소의 수

목장	소의 수
양평	◎ ◎ ○ ○ ○ ○
용문	
옥천	◎ ○ ○ ○ ○
서종	

◎ 10마리
○ 1마리

답 (   )마리

서종 목장에서 기르는 소의 수를

□마리라 하면 용문 목장에서

기르는 소의 수는 (□ × 2)마리이다.

24 + (□ × 2) + 14 + □ = 80

(□ × 2) + □ + 38 = 80

☐ + □ = 80 − 38 = 42

□ = 42 ÷ ☐ = 14

서종 목장 : ☐ 마리

07 채이네 모둠 학생들은 일정한 거리에 세워진 과녁을 향해 화살을 쏘아 맞힌 수로 점수를 겨루는 놀이를 했다. 학생들이 과녁에 화살을 각각 10개씩 쏘아서 맞힌 화살의 수를 조사하여 그림그래프로 나타내었다. 과녁에 화살을 맞힐 때마다 5점씩 얻고 맞히지 못할 때마다 2점씩 잃는다고 할 때, 점수가 가장 높은 학생의 점수는 몇 점인지 구하시오.

학생들이 맞힌 화살의 수

이름	채이	지호	연우	서하
맞힌 화살의 수				

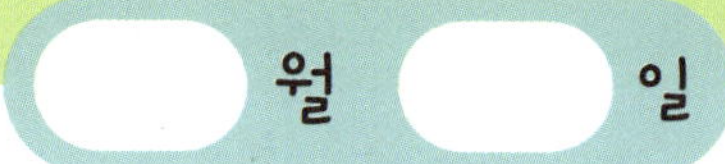

답 (   )점

[보기]   1   9   43

맞힌 화살의 수가 가장

많은 학생은 서하이다.

서하가 맞힌 화살은

9개이므로 맞히지 못한 화살은

10 − ▢ = 1(개)이다.

서하가 얻은 점수 : 9 × 5 = 45(점)

서하가 잃은 점수 : ▢ × 2 = 2(점)

서하 점수 : 45 − 2 = ▢ (점)

월   일

08

은지와 친구들이 한 줄넘기 횟수를 조사하여 그림그래프로 나타내었다. 은지가 한 줄넘기 횟수는 20회일 때, 네 사람이 한 줄넘기 횟수는 모두 몇 회인지 구하시오.

줄넘기 횟수

이름	줄넘기 횟수
은지	□ □ □
태이	□ □ □ □ □ □ □
지효	□ □ □
재하	□ □ □ □ □

답 (   )회

[보기]   6   12   120

은지가 한 줄넘기 횟수인

20회는 □ 1개, □ 2개이고

네 사람이 한 줄넘기 횟수는

모두 □ 6개, □ ▢ 개이므로

네 사람이 한 줄넘기

횟수는 은지가 한 줄넘기

횟수의 ▢ 배이다.

네 사람이 한 줄넘기 횟수

= 20 × 6 = ▢ (회)

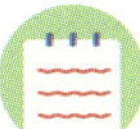

재미있게 배우고, 똑똑하게 자라는
다락원의 초등 학습 시리즈

〈하마랑 과학독해〉 시리즈

"독해력 향상을 위한 제대로 읽는 공부법"

과학 교과와 연관된 다양한 과학적 주제를 읽으면서 글을 정확하게 이해하고, 핵심 정보를 요약하는 능력을 길러 봐요. 글을 입체적으로 분석하고 자신의 생각을 명확하게 정리하여 표현할 수 있어요.

3학년 1학기: 210 × 297 | 144쪽 | 14,900원 **3학년 2학기:** 210 × 297 | 112쪽 | 14,900원

〈원큐패스 초등 한국사능력검정시험 3-6급 대비〉

"웹툰처럼 재미있게 영상으로 배우는 리얼 한국사"

시험 빈출 키워드 마인드맵으로 자주 나오는 것만 빠르게 공부할 수 있도록 하였고 출제 키워드 연표로 역사의 흐름을 한번에 파악할 수 있어요.

210 × 297 | 314쪽 | 19,500원(무료 동영상)

〈뚝딱 그림으로!! 쿵쿵따 챈트로!! 자동암기 신비한자〉 시리즈

"공부와 놀이의 경계가 사라진 신나는 한자공부"

생생한 스토리텔링을 통해 미리 학습할 한자를 알아보고 한자가 만들어지는 과정을 그림으로 익힐 수 있어요. 교재 내 QR코드를 찍어 신나는 리듬에 맞춰 한자를 학습할 수 있어요.

6급: 210 × 275 | 220쪽 | 15,800원 **7급:** 210 × 275 | 170쪽 | 14,500원

정확히 식을 쓰면서 문제를 푸는 습관

수학 문제를 풀 때 단계별로 식을 정확히 쓰면서 푸는 연습은 반드시 필요해요.
이 책은 문제의 **풀이 과정을 직접 따라 쓰면서 스스로 식을 쓰는 방법**을 익힐 수 있도록 했어요.
서울대 선배들이 손글씨로 쓴 풀이 과정을 직접 따라 쓰면서 식을 세워 문제를 풀어 나가는 습관을 기르면
어떤 문제든 스스로 풀이 과정을 만들어 해결할 수 있다는 자신감이 생길 거예요!

(주)다락원 경기도 파주시 문발로 211
(02)736-2031 (내용문의: 내선 291~296 / 구입문의: 내선 250~252)
(02)732-2037
www.darakwon.co.kr
출판등록 1977년 9월 16일 제406-2008-000007호

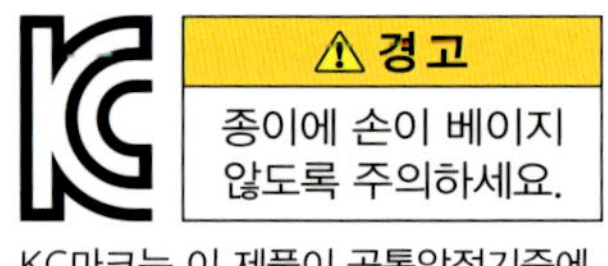

정가 **19,500원**

63410

9788927775348
ISBN 978-89-277-7534-8

똑바로 따라 쓰며 똑똑히 푸는
서울대 선배들의 똑똑필사
2022 개정 교육과정 반영

초등 수학
문제 풀이
식(式) 쓰기

이윤원 저

정답 및 풀이

3-2

초등 수학 문제 풀이 식(式) 쓰기

정답 및 풀이

3-2

1 곱셈

STEP 1
14~27 쪽

01 1211개	**02** 891	**03** 442명	**04** 336
05 5910	**06** 211개	**07** 6120cm	**08** 260원
09 1179	**10** 862cm	**11** 3080	**12** 1380
13 ㉠ 2, ㉡ 6, ㉢ 2, ㉣ 0	**14** 151분		

STEP 2
28~41 쪽

01 84살	**02** 37개	**03** 1620개	**04** 4380
05 3400	**06** 37개	**07** 144m	**08** 1300원
09 1482	**10** 652cm	**11** 3660	**12** 1750
13 ㉠ 4, ㉡ 3, ㉢ 6, ㉣ 0	**14** 136분		

STEP 3
42~49 쪽

01 363개	**02** 2001	**03** 480m	**04** 5930원
05 2346	**06** 1980	**07** 6	**08** 오후 10시 54분 22초

2 나눗셈

STEP 1
52~65 쪽

01 20장	**02** 28개	**03** 23마리	**04** 329
05 11대	**06** 몫 15, 나머지 1	**07** 몫 15, 나머지 4	**08** 44그루
09 7개	**10** 8명	**11** 89	**12** 3
13 18	**14** 8cm		

STEP 2
66~79 쪽

01 19줄	**02** 21쪽	**03** 48대	**04** 몫 45, 나머지 2
05 15번	**06** 몫 10, 나머지 6	**07** 몫 12, 나머지 1	**08** 124그루
09 6개	**10** 8명	**11** 104	**12** 8
13 96	**14** 12cm		

STEP 3
80~87 쪽

01 32쪽	**02** 12개	**03** 16그루	**04** 84cm
05 몫 21, 나머지 5	**06** 몫 156, 나머지 3	**07** 600분 후	**08** 13개

3 원

STEP 1
90~103 쪽

01 5cm	**02** 7cm	**03** 6cm	**04** 16cm
05 30cm	**06** 7cm	**07** 14cm	**08** 40cm
09 24cm	**10** 36cm	**11** 22cm	**12** 72cm
13 6cm	**14** 10cm		

STEP 2
104~117 쪽

01 3cm	**02** 16cm	**03** 3cm	**04** 16cm
05 22cm	**06** 10cm	**07** 28cm	**08** 80cm
09 18cm	**10** 62cm	**11** 37cm	**12** 64cm
13 8cm	**14** 10cm		

STEP 3
118~125 쪽

01 21cm	**02** 42cm	**03** 22cm	**04** 8cm
05 36cm	**06** 18cm	**07** 64cm	**08** 48cm

4 분수

STEP 1
128~141 쪽

01 $\frac{3}{6}$	**02** 16km	**03** 1개	**04** $\frac{29}{8}$
05 15개	**06** 4개	**07** 3개	**08** 12m
09 8	**10** 25	**11** $3\frac{8}{13}$	**12** $\frac{4}{7}$
13 67	**14** 63개		

STEP 2
142~155 쪽

01 $\frac{2}{8}$	**02** 15km	**03** 1개	**04** $\frac{65}{7}$
05 24cm	**06** 3개	**07** 2개	**08** 32m
09 11	**10** 18	**11** $2\frac{9}{14}$	**12** $\frac{2}{9}$
13 52	**14** 30개		

STEP 3
156~163 쪽

01 $\frac{4}{7}$	**02** 20개	**03** $1\frac{3}{4}$	**04** 15
05 27m	**06** 12개	**07** $5\frac{4}{11}$	**08** 11개

5 들이와 무게

6 그림그래프

STEP 1 14~27 쪽

01 (1211)개 
난이도 하

30 상자에 담은 사과의 수
= 40 × 30
= 1200 (개)
전체 사과의 수
= 1200 + 11
= 1211 (개)

02 (891)
난이도 하

한 자리 수 중에서 가장 큰 수:
9
두 자리 수 중에서 가장 큰 수:
99
9 × 99 = 891

03 (442)명 
난이도 하

버스 한 대에 탄 학생 수
= 35 - 1
= 34 (명)
지수네 학교 학생 수
= 34 × 13
= 442 (명)

04 (336)
난이도 중

어떤 수를 □ 라 하면
□ + 42 = 50
□ = 50 - 42
   = 8
바르게 계산하면
8 × 42 = 336

05 (5910)

$3 < 5 < 8 < 9$

곱이 가장 큰 곱셈식 :

$853 \times 9 = 7677$

곱이 가장 작은 곱셈식 :

$589 \times 3 = 1767$

$7677 - 1767 = 5910$

06 (211)개

한 명에게 20개씩 34명에게

나누어 준 쿠키의 수는

$20 \times 34 = 680$ (개) 이므로

가지고 있는 쿠키는 모두

$680 + 9 = 689$ (개)이다.

한 명에게 15개씩 60명에게

나누어 주려면 필요한 쿠키는

$15 \times 60 = 900$ (개) 이므로

적어도 $900 - 689 = 211$ (개)

더 필요하다.

07 (6120)cm

도로의 한쪽에 심은 나무의 수

$= 18 \div 2$

$= 9$ (그루)

나무 사이의 간격 수

$= 9 - 1$

$= 8$ (군데)

도로의 길이

$= 765 \times 8$

$= 6120$ (cm)

08 (260)원

사탕 3개의 값

$= 380 \times 3 = 1140$ (원)

초콜릿 4개의 값

$= 150 \times 4 = 600$ (원)

은재가 산 물건 값의 합

$= 1140 + 600 = 1740$ (원)

은재가 받아야 할 거스름돈

$= 2000 - 1740 = 260$ (원)

09 (1179) 

난이도 상

140 ◎ 9는 (140−9)와

9의 곱이다.

140−9 = 131 이므로

140 ◎ 9 = 131 × 9

= 1179

10 (862)cm

난이도 상

종이 7장의 길이의 합

= 136 × 7 = 952 (cm)

겹쳐진 부분의 수

= 7−1 = 6 (군데)

겹쳐진 부분의 길이의 합

= 15 × 6 = 90 (cm)

이어 붙인 종이의 전체 길이

= 952 − 90 = 862 (cm)

11 (3080) 

난이도 상

펼친 두 면의 쪽수는

연속하는 두 수이다.

연속하는 두 수를 각각

□ , (□+1) 이라 하면

□ + (□+1) = 111

□ + □ = 111−1

= 110

110 = 55 + 55 이므로

□ = 55 이고,

(□+1) = 56 이다.

55 × 56 = 3080

12 (1380) 

난이도 **상**

두 수 중 큰 수를 □라 하면

작은 수는 (□−16)이다.

□+(□−16) = 76

□+□ = 76+16

$\qquad$ = 92

92 = 46+46 이므로

□ = 46이고,

(□−16) = 30 이다.

46 × 30 = 1380

---

13 ㉠(**2**), ㉡(**6**), ㉢(**2**), ㉣(**0**) 

난이도 **최상**

4 × ㉡ 의 일의 자리가

4 이려면 ㉡ = 1 또는 6 이다.

㉡ = 1일 경우, 54 × 1 = 54이므로

성립하지 않는다.

㉡ = 6일 경우, 54 × 6 = 324 이므로

㉢ = 2 이다.

54 × ㉠ = 108이므로 ㉠ = 2,

324 + 1080 = 1404이므로

㉣ = 0 이다.

14 (151)분 
난이도 **최상**

통나무를 18토막으로 자르려면

$18 - 1 = 17$(번) 자르고,

마지막으로 나무를 자른 후에는

쉬는 시간이 필요 없으므로

$17 - 1 = 16$ (번) 쉰다.

나무를 17번 자르는 데

걸리는 시간

$= 7 \times 17 = 119$(분),

쉬는 시간의 합

$= 2 \times 16 = 32$(분)

$119 + 32 = 151$(분)

STEP 2 28~41 쪽

01 (84)살 
난이도 **하**

동생의 나이

$= 10 - 3$

$= 7$(살)

할아버지의 나이

$= 7 \times 12$

$= 84$(살)

02 (37)개 
난이도 **하**

처음에 있던 고구마의 수

$= 2 \times 59$

$= 118$ (개)

판 고구마의 수

$= 3 \times 27$

$= 81$ (개)

팔고 남은 고구마의 수

$= 118 - 81$

$= 37$ (개)

03 (1620)개  난이도 하

9주 동안 영어 단어를
외운 날수
= 4 × 9
= 36 (일)
36일 동안 외운
영어 단어의 수
= 36 × 45
= 1620 (개)

04 (4380) 난이도 중

어떤 수를 □ 라 하면
□ - 6 = 724
□ = 724 + 6
　 = 730
바르게 계산하면
730 × 6 = 4380

05 (3400)  난이도 중

4 < 6 < 7 < 8
곱이 가장 큰 곱셈식 :
764 × 8 = 6112
곱이 가장 작은 곱셈식 :
678 × 4 = 2712
6112 - 2712 = 3400

06 (37)개  난이도 중

한 명에게 9개씩 47명에게
나누어 준 젤리의 수는
9 × 47 = 423 (개)이므로
가지고 있는 젤리는 모두
423 + 8 = 431 (개)이다.
한 명에게 13개씩 36명에게
나누어 주려면 필요한 젤리는
13 × 36 = 468 (개)이므로
적어도 468 - 431 = 37 (개)
더 필요하다.

07 (144)m 

난이도 중

50 = 25 + 25이므로

도로의 한쪽에 심은 나무의 수:

25그루

나무 사이의 간격 수

= 25 − 1

= 24 (군데)

도로의 길이

= 6 × 24

= 144 (m)

08 (1300)원

난이도 상

딱지 23개의 값

= 50 × 23 = 1150 (원)

구슬 30개의 값

= 85 × 30 = 2550 (원)

진서가 산 물건 값의 합

= 1150 + 2550 = 3700 (원)

진서가 받아야 할 거스름돈

= 5000 − 3700 = 1300 (원)

09 (1482) 

난이도 상

26 ◎ 31은 26과

(26 + 31)의 곱이다.

26 + 31 = 57이므로

26 ◎ 31 = 26 × 57

= 1482

10 (652)cm 

난이도 상

종이 15장의 길이의 합

= 50 × 15 = 750 (cm)

겹쳐진 부분의 수

= 15 − 1 = 14 (군데)

겹쳐진 부분의 길이의 합

= 7 × 14 = 98 (cm)

이어 붙인 종이의 전체 길이

= 750 − 98 = 652 (cm)

11 (3660) 

펼친 두 면의 쪽수는
연속하는 두 수이다.
연속하는 두 수를 각각
□, (□+1)이라 하면
□+(□+1) = 121
□+□ = 121－1
$\qquad$ = 120
120 = 60+60 이므로
□ = 60이고,
(□+1) = 61이다.
60 × 61 = 3660

12 (1750)

두 수 중 큰 수를 □라 하면
작은 수는 (□－15)이다.
□+(□－15) = 85
□+□ = 85+15
$\qquad$ = 100
100 = 50+50 이므로
□ = 50이고,
(□－15) = 35이다.
50 × 35 = 1750

13 ㉠(4), ㉡(3), ㉢(6), ㉣(0) 

6×㉡의 일의 자리가
8이려면 ㉡= 3 또는 8이다.
㉡= 3일 경우, 56×3 = 168 이므로
㉢= 6이다.
㉡= 8일 경우, 56×8 = 448 이므로
성립하지 않는다.
56×㉠ = 224이므로 ㉠= 4,
168 + 2240 = 2408 이므로
㉣= 0 이다.

14 (136)분 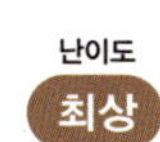

통나무를 15토막으로 자르려면
15－1 = 14(번) 자르고,
마지막으로 나무를 자른 후에는
쉬는 시간이 필요 없으므로
14－1 = 13(번) 쉰다.
나무를 14번 자르는 데
걸리는 시간
= 6×14 = 84(분),
쉬는 시간의 합
= 4×13 = 52(분)
84 + 52 = 136(분)

STEP 3　　42~49 쪽

01　(**363**)개　 난이도 하

친구들에게 나누어 준
사탕의 수
$= 14 \times 25$
$= 350 \,(개)$
처음에 지호가 가지고 있던
사탕의 수
$= 350 + 13$
$= 363 \,(개)$

02　(**2001**)　 난이도 중

$2 < 3 < 7 < 8$
만들 수 있는
가장 큰 두 자리 수:
87
가장 작은 두 자리 수:
23
$87 \times 23 = 2001$

03　(**480**)m　 난이도 중

가로수 사이의 간격 수
$= 25 - 1$
$= 24 \,(군데)$
도로의 길이
$= 24 \times 20$
$= 480 \,(m)$

04 (5930)원

단팥빵 4개의 값
$= 370 \times 4$
$= 1480$ (원)
소금빵 5개의 값
$= 890 \times 5$
$= 4450$ (원)
승희가 산 빵값의 합
$= 1480 + 4450$
$= 5930$ (원)

06 (1980)

연속하는 두 수를 각각
$\square, (\square+1)$이라 하면
$\square + (\square+1) = 89$
$\square + \square = 89 - 1$
$\qquad = 88$
$88 = 44 + 44$ 이므로
$\square = 44$ 이고,
$(\square+1) = 45$이다.
$44 \times 45 = 1980$

05 (2346)

어떤 수를 $\square$라 하면
$\square - 17 = 6$
$\square = 6 + 17$
$\qquad = 23$
바르게 계산하면
$23 \times 17 = 391$ 이므로
$391 \times 6 = 2346$

07 (6) 

$8 \times \square$ 의 일의 자리가

8이려면 $\square = 1$ 또는 6이다.

$\square = 1$ 일 경우,

$178 \times 1 = 178$ 이므로

성립하지 않는다.

$\square = 6$ 일 경우,

$678 \times 6 = 4068$ 이므로

$\square$ 안에 공통으로

들어갈 수 있는 수 :

6

08 오후 (10)시 (54)분 (22)초 

오늘 오후 9시부터

다음 날 오후 11시까지는

$24 + 2 = 26$ (시간)이므로

26시간 동안 이 시계가

늦어지는 시간

$= 13 \times 26 = 338$ (초)

$= 5$ 분 38초

다음 날 오후 11시에

이 시계가 가리키는 시각

$=$ 오후 11시 $-$ 5분 38초

$=$ 오후 10시 54분 22초

01 (20)장 

전체 도화지의 수
= 10 × 8
= 80 (장)
한 모둠이 받을 수 있는
도화지의 수
= 80 ÷ 4
= 20 (장)

02 (28)개 

먹고 남은 쿠키의 수
= 99 − 15
= 84 (개)
필요한 봉지의 수
= 84 ÷ 3
= 28 (개)

03 (23)마리 

닭 42마리의 다리 수
= 2 × 42
= 84 (개)
돼지의 전체 다리 수
= 176 − 84
= 92 (개)
돼지의 수
= 92 ÷ 4
= 23 (마리)

04 (329) 

9 > 8 > 7 > 3
가장 큰 세 자리 수:
987
가장 작은 한 자리 수:
3
987 ÷ 3 = 329

05 (11)대

난이도 중

전체 학생 수
$= 9 \times 8$
$= 72$(명)
$72 \div 7 = 10 \cdots 2$이므로
학생들이 모두 타려면
버스는 적어도
$10 + 1 = 11$(대)가
필요하다.

06 몫 (15), 나머지 (1)

난이도 중

어떤 수를 □라 하면
$\square \times 8 = 968$
$\square = 968 \div 8$
$\quad = 121$
바르게 계산하면
$121 \div 8 = 15 \cdots 1$이므로
몫은 15, 나머지는 1이다.

07 몫 (15), 나머지 (4)

난이도 중

5로 나누었을 때 나올 수 있는
나머지 중 가장 큰 수는
$5 - 1 = 4$이다.
어떤 수를 □라 하면
$\square \div 5 = 18 \cdots 4$이므로
$5 \times 18 = 90,$
$90 + 4 = \square$
$\square = 94$
$94 \div 6 = 15 \cdots 4$이므로
몫은 15, 나머지는 4이다.

08 (44)그루

나무 사이의 간격 수

$= 84 \div 4$

$= 21$ (군데)

도로의 한쪽에 심는 데

필요한 나무의 수

$= 21 + 1$

$= 22$ (그루)

도로의 양쪽에 심는 데

필요한 나무의 수

$= 22 \times 2$

$= 44$ (그루)

09 (7)개

$153 \div 8 = 19 \cdots 1$ 이므로

종이학 153개를 8명에게

나누어 주면 1개가 남는다.

종이학을 적어도

$8 - 1 = 7$ (개) 더 접어야 한다.

10 (8)명

1) 첫 번째

$99 \div 6 = 16 \cdots 3$ 이므로

$6 \times 16 = 96$ (명)이 짝을 짓고,

3명이 남았다.

2) 두 번째

$96 \div 7 = 13 \cdots 5$ 이므로

$7 \times 13 = 91$ (명)이 짝을 짓고,

5명이 남았다.

첫 번째와 두 번째에

짝을 짓지 못하고 남은 학생은

$3 + 5 = 8$ (명)이다.

11 (89)

난이도 

나머지는 나누는 수보다
작아야 하므로 △는 6보다
작아야 한다.
□가 가장 큰 자연수이려면
△는 6보다 작은 수 중
가장 큰 수인 5이어야 한다.
△ = 5일 때
□ ÷ 6 = 14 … 5이므로
6 × 14 = 84,
84 + 5 = □
□ = 89

12 (3)

난이도 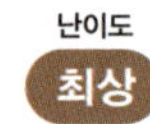

6개의 숫자
6, 4, 3, 1, 5, 2가
반복되어 놓이는 규칙이다.
45 ÷ 6 = 7 … 3 이므로
45째에 놓이는 숫자는
6, 4, 3, 1, 5, 2가
7번 반복되어 놓인 후
셋째에 놓이는 3이다.

13 (18)

난이도 최상

9로 나누었을 때
나누어떨어지는 두 자리 수 :
18, 27, 36, 45, 54,
63, 72, 81, 90, 99
이 중에서 4로 나누었을 때
나머지가 2인 수 :
18, 54, 90
이 중에서 십의 자리 수가
일의 자리 수보다 작은 수 :
18

14 (**8**)cm 

첫째 삼각형의 한 변의 길이

= 144 ÷ 3 = 48 (cm)

만들어지는 가장 작은

삼각형의 한 변을 구하면

둘째 : 48 ÷ 2 = 24 (cm),

셋째 : 48 ÷ 3 = 16 (cm),

넷째 : 48 ÷ 4 = 12 (cm),

⋮

여섯째 : 48 ÷ 6 = 8 (cm)

STEP 2   **66~79** 쪽

01 (**19**)줄 

전체 사람 수

= 47 + 48

= 95 (명)

줄 수

= 95 ÷ 5

= 19 (줄)

02 (**21**)쪽 

역사책의 전체 쪽수

= 14 × 6

= 84 (쪽)

지태가 하루에 읽어야

하는 쪽수

= 84 ÷ 4

= 21 (쪽)

03 (48)대 

세발자전거 24대의 바퀴 수

$= 3 \times 24$

$= 72$ (개)

두발자전거의 전체 바퀴 수

$= 168 - 72$

$= 96$ (개)

두발자전거의 수

$= 96 \div 2$

$= 48$ (대)

04 몫 (45), 나머지 (2) 

$0 < 4 < 7 < 9$

가장 작은 세 자리 수 :

407

가장 큰 한 자리 수 :

9

$407 \div 9 = 45 \cdots 2$ 이므로

몫은 45, 나머지는 2이다.

05 (15)번 

전체 학생 수

$= 8 \times 9$

$= 72$ (명)

$72 \div 5 = 14 \cdots 2$ 이므로

학생들이 모두 타려면

놀이기구를 적어도

$14 + 1 = 15$ (번)

타야 한다.

06 몫 (10), 나머지 (6) 

어떤 수를 □라 하면

$□ \div 8 = 12$

$□ = 8 \times 12$

$\quad = 96$

바르게 계산하면

$96 \div 9 = 10 \cdots 6$ 이므로

몫은 10, 나머지는 6이다.

7로 나누었을 때 나올 수 있는

나머지 중 가장 큰 수는

$7-1=6$이다.

어떤 수를 □라 하면

$□÷7=13\cdots6$이므로

$7×13=91,$

$91+6=□$

$□=97$

$97÷8=12\cdots1$이므로

몫은 12, 나머지는 1이다.

나무 사이의 간격 수

$=549÷9$

$=61$ (군데)

도로의 한쪽에 심는 데

필요한 나무의 수

$=61+1$

$=62$ (그루)

도로의 양쪽에 심는 데

필요한 나무의 수

$=62×2$

$=124$ (그루)

09 (6)개  난이도 상

$165 \div 9 = 18 \cdots 3$ 이므로

종이배 165개를 9명에게

나누어 주면 3개가 남는다.

종이배를 적어도

$9 - 3 = 6$ (개) 더 접어야 한다.

10 (8)명  난이도 상

1) 첫 번째

$96 \div 9 = 10 \cdots 6$ 이므로

$9 \times 10 = 90$ (명)이 짝을 짓고,

6명이 남았다.

2) 두 번째

$90 \div 4 = 22 \cdots 2$ 이므로

$4 \times 22 = 88$ (명)이 짝을 짓고,

2명이 남았다.

첫 번째와 두 번째에

짝을 짓지 못하고 남은 학생은

$6 + 2 = 8$ (명) 이다.

11 (104)  난이도 상

나머지는 나누는 수보다

작아야 하므로 △는 7보다

작아야 한다.

□가 가장 큰 자연수이려면

△는 7보다 작은 수 중

가장 큰 수인 6이어야 한다.

$\triangle = 6$ 일 때

$\square \div 7 = 14 \cdots 6$ 이므로

$7 \times 14 = 98,$

$98 + 6 = \square$

$\square = 104$

12 (8)

7개의 숫자

2, 0, 2, 5, 8, 4, 1 이

반복되어 놓이는 규칙이다.

$166 \div 7 = 23 \cdots 5$ 이므로

166째에 놓이는 숫자는

2, 0, 2, 5, 8, 4, 1 이

23번 반복되어 놓인 후

다섯째에 놓이는 8이다.

13 (96)

8로 나누었을 때

나누어떨어지는 두 자리 수 :

16, 24, 32, 40, 48, 56,

64, 72, 80, 88, 96

이 중에서 5로 나누었을 때

나머지가 1인 수 :

16, 56, 96

이 중에서 십의 자리 수가

일의 자리 수보다 큰 수 :

96

14 (12)cm

난이도 **최상**

첫째 정사각형의 한 변의 길이
= 96 ÷ 4 = 24 (cm)
만들어지는 가장 작은
정사각형의 한 변을 구하면
둘째 : 24 ÷ 2 = 12 (cm),
셋째 : 24 ÷ 3 = 8 (cm),
⋮
여덟째 : 24 ÷ 8 = 3 (cm)
네 변의 길이의 합
= 3 × 4 = 12 (cm)

STEP 3 80~87 쪽

01 (32)쪽

난이도 **하**

교과서의 전체 쪽수
= 12 × 8
= 96 (쪽)
하루에 읽어야 하는 쪽수
= 96 ÷ 3
= 32 (쪽)

02 (12)개

난이도 **중**

만든 정사각형 한 개의
네 변의 길이의 합
= 2 × 4
= 8 (cm)
98 ÷ 8 = 12 … 2 이므로
만든 정사각형은 모두
12개이다.

03 (**16**)그루 난이도 중

나무 사이의 간격 수
$= 135 \div 9$
$= 15$ (군데)
필요한 나무의 수
$= 15 + 1$
$= 16$ (그루)

04 (**84**)cm 난이도 중

가장 큰 정사각형의
한 변의 길이
$= 252 \div 4 = 63$ (cm)
가장 작은 정사각형의
한변의 길이
$= 63 \div 3 = 21$ (cm)
가장 작은 정사각형의
네 변의 길이의 합
$= 21 \times 4 = 84$ (cm)

05 몫 (**21**), 나머지 (**5**) 난이도 상

어떤 수를  라 하면
$\square \div 9 = 14 \cdots 5$ 이므로
$9 \times 14 = 126,$
$126 + 5 = \square$
$\square = 131$
바르게 계산하면
$131 \div 6 = 21 \cdots 5$ 이므로
몫은 21, 나머지는 5이다.

06 몫 (156), 나머지 (3)   난이도 상 

8로 나누었을 때 나올 수 있는

나머지 중 가장 큰 수는

$8-1=7$ 이다.

어떤 수를 □라 하면

$□ \div 8 = 97 \cdots 7$ 이므로

$8 \times 97 = 776$,

$776 + 7 = □$

$□ = 783$

$783 \div 5 = 156 \cdots 3$ 이므로

몫은 156, 나머지는 3이다.

07 (600)분 후   난이도 상 

택시는 버스를 30분에

$17 - 13 = 4 \,(km)$씩 쫓아간다.

택시가 80 km 앞에 있는

버스를 만나는 것은

$80 \div 4 = 20$이므로

택시가 출발한 지

30분이 20번 지난

$30 \times 20 = 600$ (분) 후이다.

08 (13)개   난이도 최상 

초등학생은 모두

$47 + 43 + 49 + 52 = 191$ (명),

7명씩 앉을 수 있는 의자 15개에

앉은 학생은 $7 \times 15 = 105$ (명)이다.

남은 학생 $191 - 105 = 86$ (명)이

의자에 모두 앉으려면

$86 \div 7 = 12 \cdots 2$ 이므로

의자가 적어도 $12 + 1 = 13$ (개)

더 필요하다.

STEP 1

90~103 쪽

01 (5)cm

난이도 

큰 원의 반지름

$=24\div2$

$=12\,(\text{cm})$

작은 원의 반지름

$=12-7$

$=5\,(\text{cm})$

02 (7)cm

난이도 

큰 원의 반지름

$=28\div2$

$=14\,(\text{cm})$

선분 ㄱㄴ은 작은 원의

반지름과 같으므로

(선분 ㄱㄴ)

$=14\div2$

$=7\,(\text{cm})$

03 (6)cm

난이도 

큰 원의 지름은 작은 원의

지름의 3배이므로

작은 원의 지름

$=36\div3$

$=12\,(\text{cm})$

작은 원의 반지름

$=12\div2$

$=6\,(\text{cm})$

04 (16)cm

난이도 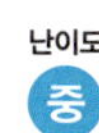

선분 ㄱㄴ의 길이는 원의

반지름의 7배이므로

원의 반지름

$=56\div7$

$=8\,(\text{cm})$

원의 지름

$=8\times2$

$=16\,(\text{cm})$

05 (30)cm  난이도 중

(변 ㄴㄷ) = (변 ㄴㄱ) = 9cm

(변 ㄹㄷ) = (변 ㄹㄱ) = 6cm

사각형 ㄱㄴㄷㄹ의 네 변의

길이의 합

= 9 + 9 + 6 + 6

= 30 (cm)

06 (7)cm  난이도 중

원의 반지름을

□cm라 하면

(선분 ㅇㄱ) = (선분 ㅇㄴ) = □cm

□ + 10 + □ = 24

□ + □ = 24 − 10

= 14

□ = 14 ÷ 2

= 7

원의 반지름 : 7cm

07 (14)cm  난이도 중

원의 반지름이

4 − 3 = 1 (cm)씩 늘어나므로

다섯째 원의 반지름

= 3 + 1 + 1 + 1 + 1

= 7 (cm)

다섯째 원의 지름

= 7 × 2

= 14 (cm)

직사각형의 긴 변의 길이는

원의 반지름의 6배이고,

짧은 변의 길이는

원의 지름과 같으므로

직사각형의 긴 변의 길이

$= 5 \times 6 = 30 \, (cm)$

직사각형의 짧은 변의 길이

$= 5 \times 2 = 10 \, (cm)$

$30 + 10 = 40 \, (cm)$

선분 ㄱㅁ의 길이는 정사각형의

한 변의 길이와 같고, 작은

원의 반지름의 4배이므로

$(선분 \ ㄱㅁ) = 32 \, cm$

작은 원의 반지름

$= 32 \div 4 = 8 \, (cm)$

선분 ㄴㅁ의 길이는 작은

원의 반지름의 3배이므로

$(선분 \ ㄴㅁ) = 8 \times 3 = 24 \, (cm)$

10 (36)cm 난이도 상

$$(변 ㄱㄴ) = 5 + 3 = 8 \,(cm)$$

$$(변 ㄴㄷ) = 3 + 6 = 9 \,(cm)$$

$$(변 ㄷㄹ) = 6 + 4 = 10 \,(cm)$$

$$(변 ㄹㄱ) = 4 + 5 = 9 \,(cm)$$

사각형 ㄱㄴㄷㄹ의 네 변의

길이의 합

$$= 8 + 9 + 10 + 9$$

$$= 36 \,(cm)$$

11 (22)cm 난이도 상

직사각형의 긴 변의 길이는

원의 반지름의 3배이므로

원의 반지름

$$= 24 \div 3 = 8 \,(cm)$$

$$(변 ㄱㄴ) = (변 ㄱㄷ) = 8 \,cm$$

삼각형 ㄱㄴㄷ의 세 변의

길이의 합

$$= 8 + 6 + 8 = 22 \,(cm)$$

난이도 **상**

직사각형의 긴 변의 길이는

원의 반지름의 4배이므로

원의 반지름

$= 36 \div 4 = 9 \,(cm)$

색칠한 사각형 2개의

모든 변은 원의 반지름과

길이가 같으므로

색칠한 사각형 2개의

모든 변의 길이의 합

$= 9 \times 8 = 72 \,(cm)$

난이도 **최상**

선분 ㄷㄹ의 길이는

3cm의 4배인 12cm보다

1cm 더 짧으므로 11cm이다.

(선분 ㄱㅂ) $= 11 - 3 = 8 \,(cm)$

(선분 ㄴㅅ) $=$ (선분 ㄴㅂ) $= 3 \,cm$

(선분 ㄷㅅ) $=$ (선분 ㄷㄹ) $= 11 \,cm$

(선분 ㄴㄷ) $= 3 + 11 = 14 \,(cm)$

(선분 ㄱㅁ) $=$ (선분 ㄱㅂ) $= 8 \,cm$

(선분 ㄹㅁ) $= 14 - 8 = 6 \,(cm)$

14 (**10**)cm 난이도 **최상**

큰 원의 지름은 직사각형의

짧은 변의 길이와 같으므로

큰 원의 지름 = 16 cm

작은 원 2개와 큰 원 2개의

지름의 합이 직사각형의

긴 변의 길이와 같으므로

□ + 16 + □ + 16 = 52

□ + □ + 32 = 52

□ + □ = 52 - 32 = 20

□ = 20 ÷ 2 = 10

STEP 2   104~117 쪽

01 (**3**)cm 난이도 **하**

큰 원의 반지름

= 16 ÷ 2

= 8 (cm)

작은 원의 반지름

= 8 - 5

= 3 (cm)

02 (**16**)cm 난이도 **하**

큰 원의 반지름

= 20 ÷ 2

= 10 (cm)

선분 ㄱㄴ의 길이는

큰 원의 반지름과

작은 원의 반지름의

합과 같으므로

(선분 ㄱㄴ)

= 10 + 6

= 16 (cm)

03 (3)cm 

큰 원의 지름은 작은 원의

지름의 4배이므로

작은 원의 지름

$= 24 \div 4$

$= 6 \,(cm)$

작은 원의 반지름

$= 6 \div 2$

$= 3 \,(cm)$

04 (16)cm 

선분 ㄱㄴ의 길이는 원의

반지름의 9배이므로

원의 반지름

$= 72 \div 9$

$= 8 \,(cm)$

원의 지름

$= 8 \times 2$

$= 16 \,(cm)$

05 (22)cm 

(변 ㄴㄷ) $= 6 + 4 = 10 \,(cm)$

(변 ㄷㄱ) $= 4 \,cm$

삼각형 ㄱㄴㄷ의 세 변의

길이의 합

$= 8 + 10 + 4$

$= 22 \,(cm)$

06 (10)cm 

원의 반지름을

□ cm라 하면

(선분 ㅇㄴ) = (선분 ㅇㄷ) = □ cm

(선분 ㄴㄷ) = (□ + □) cm

$12 + (□ + □) + 16 = 48$

$□ + □ + 28 = 48$

$□ + □ = 48 - 28 = 20$

$□ = 20 \div 2 = 10$

원의 반지름 : 10 cm

07 (28)cm 난이도 중

원의 반지름이

$6-4=2\,(cm)$ 씩 늘어나므로

여섯째 원의 반지름

$= 4+2+2+2+2+2$

$= 14\,(cm)$

여섯째 원의 지름

$= 14 \times 2$

$= 28\,(cm)$

08 (80)cm 난이도 상

정사각형의 한 변의 길이는

원의 반지름의 4배이므로

정사각형의 한 변의 길이

$= 5 \times 4$

$= 20\,(cm)$

정사각형의 네 변의

길이의 합

$= 20 \times 4$

$= 80\,(cm)$

09 (18)cm 난이도 상

선분 ㄱㅁ의 길이는 정사각형의

한 변의 길이와 같고, 작은

원의 반지름의 4배이므로

(선분 ㄱㅁ) $= 24\,cm$

작은 원의 반지름

$= 24 \div 4 = 6\,(cm)$

선분 ㄱㄹ의 길이는 작은

원의 반지름의 3배이므로

(선분 ㄱㄹ) $= 6 \times 3 = 18\,(cm)$

10 (62)cm 난이도 상

(변 ㄱㄴ) $= 8+13 = 21\,(cm)$

(변 ㄴㄷ) $= 13+10 = 23\,(cm)$

(변 ㄷㄱ) $= 10+8 = 18\,(cm)$

삼각형 ㄱㄴㄷ의 세 변의

길이의 합

$= 21 + 23 + 18$

$= 62\,(cm)$

11 (**37**)cm 

직사각형의 긴 변의 길이는

원의 반지름의 4배이므로

원의 반지름

$=52 \div 4 = 13\,(cm)$

(변 ㄱㄴ) = (변 ㄱㄷ) = 13 cm

삼각형 ㄱㄴㄷ의 세 변의

길이의 합

$= 13 + 11 + 13 = 37\,(cm)$

12 (**64**)cm 

직사각형의 긴 변의 길이는

원의 반지름의 4배이므로

원의 반지름

$=32 \div 4 = 8\,(cm)$

색칠한 사각형 2개의

모든 변은 원의 반지름과

길이가 같으므로

색칠한 사각형 2개의

모든 변의 길이의 합

$= 8 \times 8 = 64\,(cm)$

13 (8)cm 난이도 최상

선분 ㄴㄱ의 길이는

4cm의 3배인 12cm 보다

1cm 더 길므로 13cm 이다.

(선분 ㄹㅇ) = 13 − 4 = 9 (cm)

(선분 ㄴㅅ) = (선분 ㄴㄱ) = 13cm

(선분 ㄷㅅ) = (선분 ㄷㅇ) = 4 cm

(선분 ㄴㄷ) = 13 + 4 = 17 (cm)

(선분 ㄹㅁ) = (선분 ㄹㅇ) = 9 cm

(선분 ㄱㅁ) = 17 − 9 = 8 (cm)

14 (10)cm 난이도 최상

큰 원의 지름은 직사각형의

짧은 변의 길이와 같으므로

큰 원의 지름 = 20 cm

큰 원 2개와 작은 원 2개의

지름의 합이 직사각형의

긴 변의 길이와 같으므로

20 + 20 + □ + □ = 60

□ + □ + 40 = 60

□ + □ = 60 − 40 = 20

□ = 20 ÷ 2 = 10

01   (21)cm

난이도 하 

(선분 ㄱㄴ)

= 28 ÷ 2

= 14 (cm)

(선분 ㄴㄷ)

= 14 ÷ 2

= 7 (cm)

(선분 ㄱㄷ)

= 14 + 7

= 21 (cm)

02   (42)cm

난이도 중 

원의 반지름

= 14 ÷ 2

= 7 (cm)

선분 ㄱㄴ의 길이는 원의

반지름의 6배이므로

(선분 ㄱㄴ)

= 7 × 6

= 42 (cm)

03   (22)cm

난이도 중 

(변 ㄴㄱ) = (변 ㄴㄷ) = 4 cm

(변 ㄹㄷ) = (변 ㄹㄱ) = 7 cm

사각형 ㄱㄴㄷㄹ의 네 변의

길이의 합

= 4 + 4 + 7 + 7

= 22 (cm)

04 (8)cm  난이도 중

원의 반지름을

□cm라 하면

(선분 ㅇㄱ) = (선분 ㅇㄴ) = □cm

□ + 15 + □ = 31

□ + □ = 31 − 15

    = 16

□ = 16 ÷ 2

  = 8

원의 반지름 : 8cm

05 (36)cm  난이도 상

직사각형 ㄱㄴㄷㄹ의

짧은 변의 길이

= 4 + 2

= 6 (cm)

긴 변의 길이

= 4 + 2 + 2 + 4

= 12 (cm)

네 변의 길이의 합

= 6 + 12 + 6 + 12

= 36 (cm)

06 (18)cm  난이도 상

큰 원의 반지름

= 48 ÷ 2

= 24 (cm)

큰 원의 지름은

작은 원의 반지름의

8배이므로

작은 원의 반지름

= 48 ÷ 8

= 6 (cm)

24 − 6 = 18 (cm)

원의 지름은 직사각형의
짧은 변의 길이와 같으므로
원의 반지름
= 10 ÷ 2 = 5 (cm)
직사각형의 긴 변의 길이
= 5 + 12 + 5 = 22 (cm)
직사각형의 네 변의
길이의 합
= 10 + 22 + 10 + 22
= 64 (cm)

08 (48)cm

직사각형의 긴 변의 길이는
원의 반지름의 5배이므로
원의 반지름
= 20 ÷ 5 = 4 (cm)
색칠한 사각형 3개의
모든 변은 원의 반지름과
길이가 같으므로
색칠한 사각형 3개의
모든 변의 길이의 합
= 4 × 12 = 48 (cm)

STEP 1
128~141 쪽

01 ($\frac{3}{6}$)
난이도 하

18을 3씩 묶으면

6 묶음이 되고,

9는 전체 6묶음 중의

3 묶음이므로

9개는 18개의 $\frac{3}{6}$ 이다.

02 (16)km
난이도 하

은재네 집에서 약국까지의
거리는 28 km의 $\frac{4}{7}$ 이다.
28 km를 똑같이 7부분으로
나눈 것 중의 4부분이므로
16 km이다.

03 (1)개
난이도 하

진분수 :
$\frac{3}{6}$, $\frac{6}{7}$, $\frac{1}{2}$ → 3개

가분수 :
$\frac{8}{8}$, $\frac{5}{4}$ → 2개

진분수는 가분수보다

3 − 2 = 1 (개) 더 많다.

04 ($\frac{29}{8}$)
난이도 중

3 < 5 < 8

만들 수 있는 가장

작은 대분수 : $3\frac{5}{8}$

$3\frac{5}{8} = \frac{29}{8}$

05 (15)개 

25개를 똑같이 5묶음으로
나눈 것 중의 2묶음은
10개이므로 남은 사과는
25 − 10 = 15 (개) 이다.

06 (4)개 

$2\frac{9}{13} = \frac{35}{13}$, $3\frac{1}{13} = \frac{40}{13}$

$\frac{35}{13} < \frac{\square}{13} < \frac{40}{13}$

35 < $\square$ < 40 이므로

$\square$ 안에 들어갈 수 있는

자연수 :

36, 37, 38, 39 → 4개

07 (3)개 

$7\frac{1}{9} = \frac{64}{9}$, $4\frac{1}{9} = \frac{37}{9}$,

$6\frac{4}{9} = \frac{58}{9}$

$\frac{8}{9} < \frac{32}{9} < \frac{37}{9} < \frac{53}{9} < \frac{58}{9}$

$< \frac{64}{9} < \frac{65}{9}$ 이므로

$\frac{32}{9}$ 보다 크고 $7\frac{1}{9} (= \frac{64}{9})$ 보다

작은 분수 :

$4\frac{1}{9} (= \frac{37}{9})$, $\frac{53}{9}$, $6\frac{4}{9} (= \frac{58}{9})$

→ 3개

08 (12)m 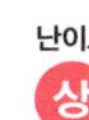

첫 번째로 튀어 오르는
공의 높이는 27m의
$\frac{2}{3}$ 이므로 18m이다.
두 번째로 튀어 오르는
공의 높이는 18m의
$\frac{2}{3}$ 이므로 12m이다.

09 (8) 난이도 상

$\frac{7}{10}$ 은 $\frac{1}{10}$ 이 7개이므로

어떤 수의 $\frac{1}{10}$ 은

$28 \div 7 = 4$ 이다.

어떤 수의 $\frac{1}{10}$ 이 4이므로

어떤 수는 $4 \times 10 = 40$ 이다.

40의 $\frac{1}{5}$ 은 8이다.

10 (25) 난이도 상

$\frac{14}{5} = 2\frac{4}{5}$, $\frac{59}{8} = 7\frac{3}{8}$

$2\frac{4}{5}$ 보다 크고 $7\frac{3}{8}$ 보다

작은 자연수 :

$3, 4, 5, 6, 7$

$3 + 4 + 5 + 6 + 7 = 25$

11 ($3\frac{8}{13}$) 난이도 상

가분수의 분모와 분자의

합이 60 이고,

분모는 13 이므로

분자는 $60 - 13 = 47$ 이다.

가분수는 $\frac{47}{13}$ 이므로

어떤 대분수는

$\frac{47}{13} = 3\frac{8}{13}$ 이다.

땅콩 63개를 한 봉지에

9개씩 담으면

$63 \div 9 = 7$(봉지)가 된다.

남은 땅콩 27개는

$27 \div 9 = 3$(봉지)이므로

선생님에게 준 땅콩은

$7 - 3 = 4$(봉지)이고,

전체 봉지의 $\frac{4}{7}$이다.

$3 < ⑦ < 6$ 이므로

⑦이 될 수 있는 자연수 :

4, 5

$⑦\frac{2}{7} = \frac{ⓒ}{7}$ 이므로

1) ⑦ = 4 일 때

$4\frac{2}{7} = \frac{30}{7} \rightarrow ⓒ = 30$

2) ⑦ = 5 일 때

$5\frac{2}{7} = \frac{37}{7} \rightarrow ⓒ = 37$

$30 + 37 = 67$

14 (63)개
난이도 최상

$\frac{4}{11}$는 $\frac{1}{11}$이 4개이므로

전체 사탕의 $\frac{1}{11}$은

$36 \div 4 = 9$(개)이다.

전체를 똑같이 11묶음으로

나눈 것 중의 4묶음이

사과맛이고, 나머지는

포도맛이므로 포도맛은

$11 - 4 = 7$(묶음)이다.

포도맛은 전체 사탕의

$\frac{7}{11}$로 $\frac{1}{11}$이 7개이므로

$9 \times 7 = 63$ (개) 이다.

01 ($\frac{2}{8}$)
난이도 하

16을 2씩 묶으면

8묶음이 되고,

4는 전체 8묶음 중의

2묶음이므로

4개는 16개의 $\frac{2}{8}$이다.

02 (15)km
난이도 하

민규네 집에서 서점까지의

거리는 24km의 $\frac{5}{8}$이다.

24km를 똑같이 8부분으로

나눈 것 중의 5부분이므로

15km이다.

03 (1)개  하

가분수 :

$\frac{5}{3}, \frac{6}{5}, \frac{9}{9}$ → 3개

진분수 :

$\frac{7}{8}, \frac{2}{4}$ → 2개

가분수는 진분수보다

3−2 = 1 (개) 더 많다.

---

04 $\left(\dfrac{65}{7}\right)$  중

2 < 7 < 9

만들 수 있는 가장

큰 대분수 : $9\frac{2}{7}$

$9\frac{2}{7} = \frac{65}{7}$

---

05 (24)cm  중

42cm를 똑같이 7부분으로

나눈 것 중의 3부분은

18cm이므로 남은 끈은

42 − 18 = 24 (cm) 이다.

---

06 (3)개  중

$3\frac{9}{12} = \frac{45}{12}, \quad 4\frac{1}{12} = \frac{49}{12}$

$\frac{45}{12} < \frac{\square}{12} < \frac{49}{12}$

45 < □ < 49 이므로

□ 안에 들어갈 수 있는

자연수 :

46, 47, 48 → 3개

---

07 (2)개  중

$6\frac{1}{8} = \frac{49}{8}, \quad 3\frac{5}{8} = \frac{29}{8},$

$4\frac{3}{8} = \frac{35}{8}$

$\frac{7}{8} < \frac{29}{8} < \frac{33}{8} < \frac{35}{8} < \frac{47}{8}$

$< \frac{49}{8} < \frac{51}{8}$ 이므로

$\frac{33}{8}$ 보다 크고 $6\frac{1}{8} \left(= \frac{49}{8}\right)$ 보다

작은 분수 :

$4\frac{3}{8} \left(= \frac{35}{8}\right), \frac{47}{8}$ → 2개

08 (32)m  난이도 상

첫 번째로 튀어 오르는
공의 높이는 50m의

$\dfrac{4}{5}$ 높이므로 40m이다.
두 번째로 튀어 오르는
공의 높이는 40m의

$\dfrac{4}{5}$ 높이므로 32m이다.

10 (18)  난이도 상

$\dfrac{38}{9} = 4\dfrac{2}{9}$, $\dfrac{47}{6} = 7\dfrac{5}{6}$
$4\dfrac{2}{9}$보다 크고 $7\dfrac{5}{6}$보다

작은 자연수 :

5, 6, 7
5 + 6 + 7 = 18

09 (11) 난이도 상

$\dfrac{4}{11}$는 $\dfrac{1}{11}$이 4개이므로
어떤 수의 $\dfrac{1}{11}$은
$36 \div 4 = 9$이다.
어떤 수의 $\dfrac{1}{11}$이 9이므로
어떤 수는 $9 \times 11 = 99$이다.
99의 $\dfrac{1}{9}$은 11이다.

11 ($2\dfrac{9}{14}$)  난이도 상

가분수의 분모와 분자의
합이 51이고,
분모는 14이므로
분자는 $51 - 14 = 37$이다.
가분수는 $\dfrac{37}{14}$이므로
어떤 대분수는
$\dfrac{37}{14} = 2\dfrac{9}{14}$이다.

감자 54개를 한 봉지에

6개씩 담으면

$54 \div 6 = 9$ (봉지)가 된다.

남은 감자 42개는

$42 \div 6 = 7$ (봉지) 이므로

요리에 사용한 감자는

$9 - 7 = 2$ (봉지) 이고,

전체 봉지의 $\dfrac{2}{9}$ 이다.

$2 < ㉠ < 5$ 이므로

㉠이 될 수 있는 자연수:

3, 4

$㉠\dfrac{5}{6} = \dfrac{㉡}{6}$ 이므로

1) ㉠ = 3일 때

$3\dfrac{5}{6} = \dfrac{23}{6} \rightarrow ㉡ = 23$

2) ㉠ = 4일 때

$4\dfrac{5}{6} = \dfrac{29}{6} \rightarrow ㉡ = 29$

$23 + 29 = 52$

14 (30)개 난이도 **최상**

$\dfrac{8}{13}$은 $\dfrac{1}{13}$이 8개이므로

전체 풍선의 $\dfrac{1}{13}$은

48 ÷ 8 = 6(개)이다.

전체를 똑같이 13묶음으로

나눈 것 중의 8묶음이

보라색이고, 나머지는

노란색이므로 노란색은

13 − 8 = 5(묶음)이다.

노란색은 전체 풍선의

$\dfrac{5}{13}$로 $\dfrac{1}{13}$이 5개이므로

6 × 5 = 30(개)이다.

STEP 3 156~163 쪽

01 ($\dfrac{4}{7}$) 난이도 **하**

42를 6씩 묶으면

7묶음이 되고,

24는 전체 7묶음 중의

4묶음이므로

24명은 42명의 $\dfrac{4}{7}$이다.

02 (20)개 난이도 **중**

초코 쿠키는 56개의

$\dfrac{3}{8}$이므로 21개이고,

나머지 쿠키는

56 − 21 = 35 (개) 이다.

땅콩 쿠키는 35개의

$\dfrac{4}{7}$이므로 20개이다.

03 ($1\frac{3}{4}$) 
난이도 중

$1\frac{3}{4} = 3\frac{1}{4}$

어떤 대분수는 $3\frac{1}{4}$ 에서

자연수와 분자를 바꾸면

되므로 $1\frac{3}{4}$ 이다.

04 (15)
난이도 중

$\frac{8}{9}$ 은 $\frac{1}{9}$ 이 8개이므로

어떤 수의 $\frac{1}{9}$ 은

$16 \div 8 = 2$ 이다.

어떤 수의 $\frac{1}{9}$ 이 2이므로

어떤 수는 $2 \times 9 = 18$ 이다.

18의 $\frac{5}{6}$ 는 15이다.

05 (27)m 
난이도 상

첫 번째로 튀어 오르는

공의 높이는 64m의

$\frac{3}{4}$ 이므로 48m이다.

두 번째로 튀어 오르는

공의 높이는 48m의

$\frac{3}{4}$ 이므로 36m이다.

세 번째로 튀어 오르는

공의 높이는 36m의

$\frac{3}{4}$ 이므로 27m이다.

06 (12)개 
난이도 상

자연수 부분이

1) 3인 대분수 :

$3\frac{5}{7}$, $3\frac{5}{8}$, $3\frac{7}{8}$ → 3개

2) 5인 대분수 :

$5\frac{3}{7}$, $5\frac{3}{8}$, $5\frac{7}{8}$ → 3개

3) 7인 대분수 :

$7\frac{3}{5}$, $7\frac{3}{8}$, $7\frac{5}{8}$ → 3개

4) 8인 대분수 :

$8\frac{3}{5}$, $8\frac{3}{7}$, $8\frac{5}{7}$ → 3개

$3+3+3+3 = 12$ (개)

07 ($5\frac{4}{11}$)
난이도 상

가분수의 분모와 분자의

합이 70 이고,

분모는 11이므로

분자는 70-11=59 이다.

가분수는 $\frac{59}{11}$ 이므로

어떤 대분수는

$\frac{59}{11} = 5\frac{4}{11}$ 이다.

40의 $\frac{1}{8}$은 5이고,

40의 $\frac{1}{5}$은 8이므로

형 : 5개, 친구 : 8개의

구슬을 주었다.

남은 구슬은

$40 - 5 - 8 = 27$ (개)이고

27의 $\frac{2}{9}$는 6이므로

형에게 6개 더 주었다.

형이 받은 구슬은 모두

$5 + 6 = 11$ (개)이다.

STEP 1　166~179 쪽

01　(4)개 

$7L\ 580mL = 7580mL$

$7580mL < 7\square00mL$

□ 안에 들어갈 수 있는 수 :

6, 7, 8, 9 → 4개

02　(9)kg (500)g 

$3800g = 3kg\ 800g,$

$4600g = 4kg\ 600g$

$5kg\ 700g > 5kg\ 490g$

$> 4kg\ 600g > 3kg\ 800g$

무게가 가장 무거운 것:

$5kg\ 700g$

무게가 가장 가벼운 것:

$3kg\ 800g$

$5kg\ 700g + 3kg\ 800g$

$= 9kg\ 500g$

03　(950)mL 

동생 3명에게 나누어 준

주스의 양

$= 150 \times 3$

$= 450\ (mL)$

남은 주스의 양

$= 1L\ 400mL - 450mL$

$= 950mL$

04　(73)kg (100)g 

도희의 몸무게

$= 37kg\ 200g - 1kg\ 300g$

$= 35kg\ 900g$

준서와 도희의 몸무게의 합

$= 37kg\ 200g + 35kg\ 900g$

$= 73kg\ 100g$

05 (4300)mL

마시고 남은 물의 양

= 3L 200mL – 700mL

= 2L 500mL

다시 물을 넣은 후

물병에 들어 있는 물의 양

= 2L 500mL + 1L 800mL

= 4L 300mL

= 4300mL

06 (450)g

책 2권의 무게

= 2kg 550g – 1kg 850g

= 700g

책 4권의 무게

= 700g + 700g

= 1kg 400g

빈 상자의 무게

= 1kg 850g – 1kg 400g

= 450g

07 (6)L (430)mL

통으로 부은 물의 양

= 400 × 8 = 3200(mL)

1370mL의 물을 더 부은 후

수조에 들어 있는 물의 양

= 3200mL + 1370mL

= 3L 200mL + 1L 370mL

= 4L 570mL

더 부어야 하는 물의 양

= 11L – 4L 570mL

= 6L 430mL

08 (96)g 

사과 5개의 무게

= 자두 4개의 무게

= 180 × 4 = 720 (g)

사과 1개의 무게

= 720 ÷ 5 = 144 (g)

딸기 3개의 무게

= 사과 2개의 무게

= 144 × 2 = 288 (g)

딸기 1개의 무게

= 288 ÷ 3 = 96 (g)

09 (14)kg 

은지가 딴 포도의 무게를

□ kg이라 하면

설아가 딴 포도의 무게는

(□ + 7) kg이다.

□ + (□ + 7) = 35

□ + □ = 35 − 7

= 28

□ = 28 ÷ 2

= 14

은지가 딴 포도의 무게 :

14 kg

10 (5)L (250)mL

1분 동안 채우는 물의 양

= 1L 300mL − 550mL

= 750mL

7분 동안 채운 물의 양

= 750 × 7

= 5250 (mL)

= 5L 250 mL

11 (3)대

세 공책의 공책 생산량은
6300 + 4240 + 4460
= 15000 (kg) 이므로
모두 15t이다.
15 ÷ 6 = 2 … 3 이므로
공책을 6t씩 트럭 2대에
운반하면 3t이 남는다.
남는 3t도 운반해야 하므로
필요한 트럭은 적어도
2 + 1 = 3(대)이다.

13 (6)L (900)mL

㉡에 들어 있는 우유의 양
= 3L 470mL + 630mL
= 4L 100mL
㉢에 들어 있는 우유의 양
= 4L 100mL − 400mL
= 3L 700mL
㉣에 들어 있는 우유의 양
= 4L 100mL + 3L 700mL
  − 900mL
= 6L 900mL

12 (7)개

30g짜리 추 8개의 무게
= 30 × 8 = 240(g)
50g짜리 추 6개의 무게
= 50 × 6 = 300(g)
100g짜리 추 무게의 합
= 1kg 240g − 240g − 300g
= 700g
700 = 100 × 7이므로
100g짜리 추를 7개
올려놓았다.

14 (33)kg (700)g

난이도 최상

보배 + 지우 + 유주의 몸무게

= 93kg 900g

보배 + 지우의 몸무게

= 64kg 500g

유주의 몸무게

= 93kg 900g − 64kg 500g

= 29kg 400g

보배의 몸무게

= 29kg 400g + 4kg 300g

= 33kg 700g

STEP 2
180~193 쪽

01 (4)개

난이도 하

1kg 430g = 1430g

1□00g < 1430g

□ 안에 들어갈 수 있는 수:

1, 2, 3, 4 → 4개

02 (900)mL

난이도 하

7L 500mL = 7500mL,

6L 900mL = 6900mL

7500mL > 7200mL

> 6900mL > 6600mL

들이가 가장 많은 것:

7500mL

들이가 가장 적은 것:

6600mL

7500mL − 6600mL

= 900mL

03 (700)mL 

친구 4명에게 나누어 준

우유의 양

$= 150 \times 4$

$= 600 \ (mL)$

남은 우유의 양

$= 1L \ 300 \, mL - 600 \, mL$

$= 700 \, mL$

05 (3100)mL 

마시고 남은 음료수의 양

$= 2L \ 300 \, mL - 800 \, mL$

$= 1L \ 500 \, mL$

다시 음료수를 넣은 후

병에 들어 있는 음료수의 양

$= 1L \ 500 \, mL + 1L \ 600 \, mL$

$= 3L \ 100 \, mL$

$= 3100 \, mL$

04 (3)kg (100)g 

봉투에 들어 있는 물건의 무게

$= 2kg \ 100g + 3800g$

$= 2kg \ 100g + 3kg \ 800g$

$= 5kg \ 900g$

봉투에 더 담을 수 있는

물건의 무게

$= 9kg - 5kg \ 900g$

$= 3kg \ 100g$

06 (800)g 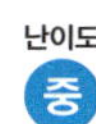

멜론 3개의 무게

$= 3kg \ 200g - 2kg$

$= 1kg \ 200g$

멜론 6개의 무게

$= 1kg \ 200g + 1kg \ 200g$

$= 2kg \ 400g$

빈 상자의 무게

$= 3kg \ 200g - 2kg \ 400g$

$= 800g$

07 (4)L (800)mL 난이도 중 

400mL인 통으로 7번

부은 물의 양

$= 400 \times 7 = 2800 \,(mL)$

$= 2L \ 800mL$

350mL인 통으로 2번

부은 물의 양

$= 350 \times 2 = 700 \,(mL)$

수조에 들어 있는 물의 양

$= 1L \ 300mL + 2L \ 800mL$

$\quad + 700mL$

$= 4L \ 800mL$

08 (175)g 난이도 상 

오이 3개의 무게

$=$ 당근 2개의 무게

$= 210 \times 2 = 420 \,(g)$

오이 1개의 무게

$= 420 \div 3 = 140 \,(g)$

가지 4개의 무게

$=$ 오이 5개의 무게

$= 140 \times 5 = 700 \,(g)$

가지 1개의 무게

$= 700 \div 4 = 175 \,(g)$

은혜가 캔 감자의 무게를

□kg이라 하면

연주가 캔 감자의 무게는

(□-6)kg이다.

□+(□-6)=40

□+□=40+6

$\quad\quad=46$

□=46÷2

$\quad=23$

은혜가 캔 감자의 무게:

23kg

1초 동안 채우는 물의 양

=450mL-70mL

=380mL

9초 동안 채운 물의 양

=380×9

=3420(mL)

=3L 420mL

세 공장의 연필 생산량은

3200+3450+4350

=11000(kg)이므로

모두 11t이다.

11÷2=5···1이므로

연필을 2t씩 트럭 5대에

운반하면 1t이 남는다.

남는 1t도 운반해야 하므로

필요한 트럭은 적어도

5+1=6(대)이다.

12 (**9**)개 

50g짜리 추 7개의 무게

= 50 × 7 = 350 (g)

100g짜리 추 5개의 무게

= 100 × 5 = 500 (g)

30g짜리 추 무게의 합

= 1 kg 120g − 350g − 500g

= 270g

270 = 30 × 9 이므로

30g짜리 추를 9개

올려놓았다.

13 (**3**)L (**460**)mL 

ⓒ에 들어 있는 주스의 양

= 2L 350mL − 470mL

= 1L 880mL

ⓛ에 들어 있는 주스의 양

= 1L 880mL − 900mL

= 980mL

㉠에 들어 있는 주스의 양

= 980mL + 1L 880mL

+ 600mL

= 3L 460mL

14 (**29**)kg (**900**)g 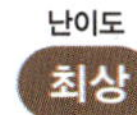

인수 +지호+ 유라의 몸무게

=91 kg 400g

인수 +지호의 몸무게

=58 kg 700g

유라의 몸무게

= 91 kg 400g − 58 kg 700g

= 32 kg 700g

지호의 몸무게

= 32 kg 700g − 2 kg 800g

= 29 kg 900g

STEP 3

01 (**9**)L (**300**)mL 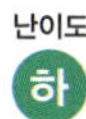

2500 mL= 2L 500 mL ,

6100 mL= 6L 100 mL

6L 800 mL > 6L 100 mL

> 2L 700 mL > 2L 500 mL

들이가 가장 많은 것 :

6L 800 mL

들이가 가장 적은 것 :

2L 500 mL

6L 800 mL + 2L 500 mL

= 9L 300 mL

02 (**1**)L (**600**)mL 

학생 7명에게 나누어 준
음료수의 양

=200 × 7

=1400 (mL)

=1L 400 mL

남은 음료수의 양

=3L − 1L 400 mL

=1L 600 mL

03 (37)kg (100)g

난이도 중

고양이의 무게

= 34 kg 200 g − 31 kg 300 g

= 2 kg 900 g

예주가 고양이를 안고

저울에 올라간 무게

= 34 kg 200 g + 2 kg 900 g

= 37 kg 100 g

04 (800)mL

난이도 중

단우가 마신 물의 양

= 900 mL − 300 mL

= 600 mL

채이와 단우가 마신

물의 양

= 900 mL + 600 mL

= 1 L 500 mL

두 사람이 마시고 남은

물의 양

= 2 L 300 mL − 1 L 500 mL

= 800 mL

05 약 (4)L (140)mL

난이도 상

2 되는 약

1 L 800 mL + 1 L 800 mL

= 3 L 600 mL 이고,

3 홉은 약

180 X 3 = 540 (mL) 이다.

2 되 3 홉은 약

3 L 600 mL + 540 mL

= 4 L 140 mL 이다.

06 (400)g

난이도 상

수박 2개의 무게

= 3 kg 100 g − 1 kg 300 g

= 1 kg 800 g

= 1800 g

1800 g = 900 g + 900 g 이므로

수박 1개의 무게

= 900 g

빈 상자의 무게

= 1 kg 300 g − 900 g

= 400 g

07 (119)g 

감자 6개의 무게

＝고구마 7개의 무게

＝ 34 × 7

＝ 238 (g)

호박 1개의 무게

＝ 감자 3개의 무게

＝ 238 ÷ 2

＝ 119 (g)

08 (4)L 

수요일과 목요일에 사용한

물의 양을 각각 □라 하면

7L 650mL ＋ 8L 540mL

＋□＋□＋9L 810mL

＝34L

□＋□＋26L ＝34L

□＋□ ＝34L－26L

＝8L

□ ＝8 ÷ 2 ＝4 (L)

목요일에 사용한 물의 양 : 4L

STEP 1

204~217 쪽

01 (32)개

난이도 하 

⊙ 가게 : 41개

ⓒ 가게 : 16개

ⓒ 가게 : 24개

ⓒ 가게 :

113 - 41 - 16 - 24

= 32 (개)

02 (250)kg

난이도 하 

생산량이 가장 많은

과수원은 ⓒ 과수원으로

410 kg 생산했다.

생산량이 가장 적은

과수원은 ⓒ 과수원으로

160 kg 생산했다.

410 - 160 = 250 (kg)

03 (16)개

난이도 하 

초코 쿠키 : 14개, 호두 쿠키 : 32개,

치즈 쿠키 : 15개, 버터 쿠키 : 23개

하루 동안 팔린 쿠키의 수

= 14 + 32 + 15 + 23

= 84 (개)

더 팔아야 하는 쿠키의 수

= 100 - 84

= 16 (개)

04 (2050)원

난이도 중 

풍선이 가장 많이 팔린

요일은 목요일이고

41개 팔렸다.

목요일의 풍선 판매액

= 41 × 50

= 2050 (원)

05 () 나무   난이도 중

생산량이 가장 많은
나무는 ㉣ 나무이고
340kg 생산했다.
생산량이 340kg보다
260kg 더 적은 나무는
$340-260=80\,(kg)$인
㉢ 나무이다.

06 (980)명   난이도 중

1월의 도서관 이용객인
230명을  2개와
○ 3개로 나타냈으므로
◎은 100명, ○은 10명을
나타낸다.
2월 : 410명, 3월 : 340명
$230+410+340$
$=980\,(명)$

07 (19)개   난이도 중

㉠ 농장 : 14kg, ㉡ 농장 : 7kg,
㉢ 농장 : 34kg, ㉣ 농장 : 40kg
전체 감자 생산량
$=14+7+34+40$
$=95\,(kg)$
필요한 상자의 수
$=95\div5$
$=19\,(개)$

08　(29)줄

난이도 상

참치김밥 : 32줄

하루 동안 팔린 김치김밥을

□ 줄이라 하면

치즈김밥은 (□+3) 줄이다.

32 + (□+3) + □ = 93

□ + □ + 35 = 93

□ + □ = 93 - 35 = 58

□ = 58 ÷ 2 = 29

김치김밥 : 29줄

09　(7)개

난이도 상

학생들이 8월라 9월에 먹은

초콜릿 수의 차를 구하면

다희 : 23 - 16 = 7 (개)

현서 : 30 - 24 = 6 (개)

윤지 : 15 - 12 = 3 (개)

초콜릿 수가 가장 많이

늘어난 사람은 다희이고

7개 늘어났다.

10　(24)권

난이도 상

그림책 : 20권

동화책 : 20권의 $\frac{1}{2}$ = 10권

역사책 : 10권의 $\frac{3}{5}$ = 6권

영어책 :

60 - 20 - 10 - 6

= 24 (권)

11 (96000)원

⊙ : 20 kg, ⓒ : 32 kg, ⓒ : 23 kg

20+32+23 = 75 (kg)

75÷8 = 9 … 3 이므로

귤을 8 kg씩 9상자에

담으면 3 kg이 남는다.

판매 금액 :

10000 × 9 = 90000 (원),

2000 × 3 = 6000 (원),

90000 + 6000 = 96000 (원)

12 (44)t

⊙ 공장 : 12 t, ② 공장 : 23 t

ⓒ 공장의 생산량이 □ t이면

ⓒ 공장의 생산량은 (□+23) t이다.

12 + (□+23) + □+23 = 100

□+□ + 58 = 100

□+□ = 100 - 58 = 42

□ = 42÷2 = 21

ⓒ 공장 : 21+23 = 44 (t)

13 (2)점

넣은 화살의 수가 가장

적은 학생은 승희이다.

승희가 넣은 화살은

4개이므로 넣지 못한 화살은

10 - 4 = 6 (개) 이다.

승희가 얻은 점수 : 4 × 8 = 32 (점)

승희가 잃은 점수 : 6 × 5 = 30 (점)

승희 점수 : 32 - 30 = 2 (점)

14 (7)명 

두 반에서 라면을 좋아하는

학생 수 : 7+5=12(명)

두 반에서 피자를 좋아하는

학생 수 : 12+4=16(명)

2반에서 피자를 좋아하는

학생 수 : 16-8=8(명)

2반에서 치킨을 좋아하는

학생 수 : 20-8-5=7(명)

STEP 2 218~231 쪽

01 (100)명 

장미 마을 : 260명

모란 마을 : 510명

튤립 마을 : 370명

유채 마을 :

1240-260-510-370

=100(명)

02 (94)마리 

젖소 수가 가장 많은

목장은 ㉣ 목장으로

61마리이다.

젖소 수가 두 번째로 적은

목장은 ㉠ 목장으로

33마리이다.

61+33=94(마리)

03 (60)그루

밤나무 : 250그루, 소나무 : 310그루,

참나무 : 120그루, 벚나무 : 260그루

민지네 마을에 있는 나무 수

= 250 + 310 + 120 + 260

= 940 (그루)

더 심어야 하는 나무 수

= 1000 - 940

= 60 (그루)

04 (680)원

도화지가 가장 적게 팔린

요일은 수요일이고

17장 팔렸다.

수요일의 도화지 판매액

= 17 × 40

= 680 (원)

05 (8)월

판매량이 가장 적은

달은 7월이고

210대 판매했다.

판매량이 210대보다

130대 더 많은 달은

210 + 130 = 340 (대)인

8월이다.

06 (6)명

사자를 좋아하는 학생 수인

17명을 ◎ 1개와

○ 7개로 나타냈으므로

◎은 10명, ○은 1명을

나타낸다.

기린 : 31명

코끼리 : 25명

31 - 25 = 6 (명)

07 (35)개   난이도 

은아 목장 : 34 kg

미소 목장 : 26 kg

연우 목장 : 15 kg

지희 목장 : 30 kg

전체 우유 생산량

$= 34 + 26 + 15 + 30$

$= 105 \, (kg)$

필요한 통의 수

$= 105 \div 3 = 35 \, (개)$

08 (42)권   난이도 

온유 : 24권

민서가 12월에 읽은 책의

수를 □권이라 하면

예주는 (□ + 5)권이다.

$(□ + 5) + 24 + □ = 103$

$□ + □ + 29 = 103$

$□ + □ = 103 - 29 = 74$

$□ = 74 \div 2 = 37$

예주 : $37 + 5 = 42 \, (권)$

09 (80)명

1월과 2월의 편의점별
손님 수의 차를 구하면
희망 : $320 - 250 = 70$(명)
믿음 : $200 - 140 = 60$(명)
사랑 : $240 - 160 = 80$(명)
손님 수가 가장 많이
늘어난 곳은 사랑 편의점이고
80명 늘어났다.

10 (16)개

진희 : 20 개
유이 : 20개의 $\dfrac{1}{2}$ $= 10$개
정아 : 10개의 $\dfrac{2}{5}$ $= 4$ 개
인우 :
$50 - 10 - 20 - 4$
$= 16$ (개)

11 (82000)원

㉠ : $32kg$, ㉡ : $26kg$, ㉢ : $40kg$
$32 + 26 + 40 = 98$ (kg)
$98 \div 6 = 16 \cdots 2$ 이므로
밤을 $6kg$씩 16포대에
담으면 $2kg$이 남는다.
판매 금액 :
$5000 \times 16 = 80000$ (원),
$1000 \times 2 = 2000$ (원),
$80000 + 2000 = 82000$ (원)

12 (42)대

3월 : 16대, 4월 : 24대
5월 : □ 대이면
6월 : (□ + 24) 대이다.
$16 + 24 + □ + (□ + 24) = 100$
$□ + □ + 64 = 100$
$□ + □ = 100 - 64 = 36$
$□ = 36 \div 2 = 18$
6월 : $18 + 24 = 42$ (대)

13 (**80**)점

난이도 최상

넣은 화살의 수가 가장

많은 학생은 진우이다.

진우가 넣은 화살은

14개이므로 넣지 못한 화살은

$20 - 14 = 6$(개)이다.

진우가 얻은 점수 : $14 \times 7 = 98$(점)

진우가 잃은 점수 : $6 \times 3 = 18$(점)

진우 점수 : $98 - 18 = 80$(점)

14 (**8**)명

난이도 최상

두 학년에서 배구를 좋아하는

학생 수 : $13 + 15 = 28$(명)

두 학년에서 야구를 좋아하는

학생 수 : $28 + 9 = 37$(명)

4학년에서 야구를 좋아하는

학생 수 : $37 - 17 = 20$(명)

4학년에서 축구를 좋아하는

학생 수 : $43 - 20 - 15 = 8$(명)

01 (19)벌
난이도 하

판매량이 가장 많은
달은 8월이고
42벌 판매했다.
판매량이 가장 적은
달은 9월이고
23벌 판매했다.
$42 - 23 = 19$(벌)

02 (900)원
난이도 중

지우개가 가장 적게 팔린
요일은 화요일이고
15개가 팔렸다.
화요일의 지우개 판매액
$= 15 \times 60$
$= 900$(원)

03 (22)곳
난이도 중

 지역의 의료 기관의 수인
16곳을  3개와
ㅁ 1개로 나타냈으므로
은 5곳, ㅁ은 1곳을
나타낸다.
ⓔ 지역 : 22곳

04 (3)개
난이도 중

수아 : 35개, 혜지 : 26개,
예나 : 19개, 민우 : 42개
$35 + 26 + 19 + 42$
$= 122$(개)
$122 \div 7 = 17 \cdots 3$ 이므로
구슬을 7개씩 17상자에
담으면 3개가 남는다.
봉지에 넣을 구슬 수 : 3개

05 (70)톤 

작년과 올해 마을별

쓰레기 배출량의 차를

구하면

가락 : $430 - 360 = 70$ (톤)

머래 : $320 - 270 = 50$ (톤)

한뜰 : $420 - 360 = 60$ (톤)

쓰레기 배출량이 가장 많이

줄어든 곳은 가락 마을이고

70톤 줄었다.

06 (14)마리 

서종 목장에서 기르는 소의 수를

□마리라 하면 용문 목장에서

기르는 소의 수는 (□ × 2)마리이다.

$24 + (□ × 2) + 14 + □ = 80$

$(□ × 2) + □ + 38 = 80$

$(□ + □) + □ = 80 - 38 = 42$

$□ = 42 ÷ 3 = 14$

서종 목장 : 14마리

07 (43)점 

맞힌 화살의 수가 가장

많은 학생은 서하이다.

서하가 맞힌 화살은

9개이므로 맞히지 못한 화살은

$10 - 9 = 1$(개)이다.

서하가 얻은 점수 : $9 × 5 = 45$(점)

서하가 잃은 점수 : $1 × 2 = 2$(점)

서하 점수 : $45 - 2 = 43$(점)

난이도 **최상**

은지가 한 줄넘기 횟수인
20회는  1개, □ 2개이고
네 사람이 한 줄넘기 횟수는
모두 회 6개, □ 12개이므로
네 사람이 한 줄넘기
횟수는 은지가 한 줄넘기
횟수의 6배이다.
네 사람이 한 줄넘기 횟수
$= 20 \times 6 = 120$ (회)

초등 수학
문제 풀이
식 쓰기